丛书总主编　卜延军　唐复全

丛书副总主编　汪维余　马保民　王道伟　武　静

未 来 军 事 家 学 识 丛 书（之十一）

军 事 科 技

军事革命的开路先锋

（Ⅰ）

主　编　金永吉　王道伟

副主编　肖占军　张继军

　　　　朱自强　元　辉

蓝天出版社

www.ltcbs.com

图书在版编目（CIP）数据

军事科技：军事革命的开路先锋．Ⅰ/金永吉，王道伟主编．
—北京：蓝天出版社，2015.10
（未来军事家学识丛书/卜延军，唐复全主编）
ISBN 978 - 7 - 5094 - 1459 - 0

Ⅰ.①军…　Ⅱ.①金…②王…　Ⅲ.①军事技术
Ⅳ.①E9

中国版本图书馆 CIP 数据核字（2015）第 257961 号

主　　编：金永吉　王道伟
责任编辑：金永吉　王燕燕
封面设计：李晓晡
出版发行：蓝天出版社
地　　址：北京市复兴路 14 号
邮　　编：100843
电　　话：010 - 66987132（编辑）010 - 66983715（发行）
总 经 销：全国新华书店
印　　刷：北京龙跃印务有限公司
开　　本：690 毫米 × 960 毫米　1/16
印　　张：13
字　　数：160 千字
版　　次：2016 年 1 月第 1 版
印　　次：2016 年 1 月第 1 次印刷
印　　数：1 - 3000 册
定　　价：29.80 元

编辑室电话：010 - 66987132 民线，0201 - 987132 军线
订 购 热 线：010 - 66985193 民线，0201 - 985193 军线

总　序

　　"江山代有人才出，各领风骚数百年"。每个时代都必然会出现属于这个时代的军事家。那么，未来军事家将从哪里诞生呢？我们在翘首！我们在呼唤！

　　世界著名军事家拿破仑曾经说过："每一个士兵的背囊里都有一根元帅杖。"细细地品味这句名言，说得多么得好啊！它告诉我们：每一位将帅都不是天生的，都是从士兵或基层军官成长起来的；同时，任何一个士兵，都有可能通过自己的努力而一步步地获得晋升——从尉官到校官、从校官到将官，甚至荣膺元帅。

　　我们知道，拿破仑自己就是出生于科西嘉的一户破落贵族家庭，从一名律师的儿子，在接受了一定的军事理论教育之后，先是被任命为炮兵少尉，继而中尉、上尉，在土伦战役中一举成名并被破格晋升为准将，再后来，一步步地成为法国的最高统帅。而拿破仑旗下的元帅之中，据说，著名的内伊元帅是一名普通箍桶匠的儿子，拉纳元帅是一名普通士兵的儿子，而以勇敢著称的勒费弗尔元帅则曾是一个目不识丁的士兵……历数古今中外的著名将帅或军事家——吕望、曹刿、孙武、吴起、田忌、孙膑、韩信、李广、曹操、诸葛亮、周瑜、祖逖、拓跋焘、李世民、李存勖、狄青、岳飞、成吉思汗、朱元璋、戚继光、努尔哈赤、郑成功、毛泽东、朱德、彭德怀、刘伯承，亚历山大、汉尼拔、恺撒、古斯塔夫、苏沃洛夫、库图佐夫、克劳塞维茨、恩格斯、福煦、麦克阿瑟、朱可夫，等等，——这些灿若星辰的军事翘楚，又有哪一位天生就是将帅或军事家的呢？不论他们是出身官宦商贾之家，还是出身布衣贫民之室，也不论他们曾受训于著名军事院校，还是博古通今自学成才，更不论他们是文官还是武将或是文武兼备，他们都共同地经受了一定的军事理论和相关知识的熏陶，特别是经历了战争或军事实践的锤炼，于是才有了一个由低级军阶到高级军阶的发展进步历程。

那么，欲问未来军事家的成长和出现，会有什么例外吗？回答是：概莫能外！"问渠哪得清如许，为有源头活水来。"要打造未来的军事家，只能是从"源头"也即从现在着手——学习军事理论、把握相关知识，并在战争或军事实践中增长才干、得以提高。我们的这一观点，或许会引来这样的质疑：在今天相对和平时期，没有实际的烽火硝烟的"战争熔炉"，未来军事家这一"钢铁"何以能够练就？我们认为：没有别的更好的办法，如果不能直接地从战争中学习战争，那就只有间接地从前人的战争和他人的战争中学习战争。纵观历史，几乎没有哪一个伟大的统帅不曾认真地研读过前人的兵书战策；那些初出茅庐便脱颖而显出治军才干的传奇人物，也都是因为他们善于借助间接经验的基石，从而为自己建造了战争艺术的金字塔。在人类战争史的长河中，我们的前人或他人所亲历的战争，总是以经验、理论或知识的形式得以传承，在这种传承过程中，前人或他人的东西总是被后人所学习、所扬弃、所超越！过去的、现在的东西，也总是被未来的所替代！

本着这一宗旨和理念，我们为潜在的、可能的未来军事家们，设计并编纂了一套军事理论和相关知识方面的图书，我们很是珍爱地将其取名为"未来军事家学识丛书"，目的就是要为我军年轻的士兵和基层军官，同时也为社会上那些有志青年和广大军事爱好者，提供一套可资学习、了解和借鉴的军事学识方面的书籍。

俗话说，"不想当将军的士兵，不是好士兵"。同理，不想成为军事家的军人或军事爱好者，也不是真正好的军人和爱好者。而要成为一名军事家，也许（仅仅是也许）存在着某种天赋，但绝对离不开后天的军事理论的学习和军事实践的锤炼。该套丛书，针对当代职业军人和广大军事爱好者的特点和兴趣，特别是针对这个群体中广大基层官兵、莘莘学子和社会青年的特点和兴趣，从中外军事历史、军事理论、军事科技、军事文化和战争实践或军事实践等所汇聚的军事知识海洋中，萃取其精要和"管用"的知识，精心打造了一套军事知识与军事精神的文化大餐，倾力巨献，是以飨之。

该套丛书按相关军事学科和专有知识编成，共15种，包括：1.《兵书精要：军事实践的理性升华》；2.《将帅传略：铁马金戈的战争舞者》；3.《战史精粹：铁血凝成的悲壮乐章》；4.《指挥艺术：作战制胜的有效法宝》；5.《军事谋略：纵横捭阖的诡道秘策》；6.《军事科技：军事革命的开路先锋》；7.《武器装备：提升军力的重要因素》；8.《军事后勤：战争胜败的强力杠杆》；9.《国防建设：生存发展的安全保障》；10.《军事演习：近似实战的综合训练》；11.《兵要地理：军事活动的天然舞台》；12.《军事制度：军队建设的基本法度》；13.《军事条约：管控兵争的协和约定》；14.《军事文化：文韬武略的历史积淀》；15.《军事檄文：激扬士气的精神号角》。

这套丛书的编纂，我们在坚持科学性、学术性、知识性的前提下，力争注入通俗性、可读性和趣味性的元素。每种图书，均抽取各军事学科和专有知识的基本内容，按一定的内在逻辑排序，并以图文并茂的形式、清新活泼的语言，夹叙夹议，娓娓陈述，同时附加言简意赅的学术性、导读性、总括性、按语性点评，以收画龙点睛之效。

需要说明的是，这套丛书的编纂过程，实际上也是我们每位参与者向前人和他人学习、借鉴、创新的过程。虽然我们已在每本书之后按学界的惯例注明了主要参考文献及其出处，以示我们对被参考者及其作品的尊重，但那还不足以表达我们对他们的感谢之情，在此，我们全体编者特向这些老师们表示深深的谢意，因为我们深知我们是站在老师们的肩膀上才得以成就这套丛书的。同时，这套丛书的编纂和出版，也得益于相关领导、专家、学者的宏观指导和具体建议，特别是得到了蓝天出版社金永吉社长、胡耀武副社长、陈学建编审等同志的大力指导，也得到了各书责任编辑认真的编辑加工，还有各书责任校对默默无闻的辛勤劳作。在此，我们也深深地向他们表示感谢。我们的真诚谢意既溢于言表，同时又深感无以言表。

现在，这套丛书承载着我们的编纂宗旨和理念，承载着各位编者的心血和汗水，承载着我们的前人和他人的辛勤和劳作，也承载着相关领导、专家、学者的嘱咐和希望，终于与读者朋友们见面了。亲爱的读者朋友们，你们是这套丛书的最终也是最高的评判者，我们全体编者一定恭听你们的宝贵意见，以使其更加完善，进而，更好地服务于全民国防观念的提升，更好地服务于高素质军事人才队伍的打造，更好地服务于当代革命军人战斗精神的培育，更好地服务于和谐社会、小康社会的建设。

付梓之际，是为总序。

丛书全体编者

2014 年 4 月

目 录

★★★

目
录

★
★
★

第一章　军事航空航天技术

空中加油技术：战机万里奔袭的动力

1986 年，美军的 F-111E 机群，先后经过 6 次空中加油，绕道大西洋，往返 11000 公里，历时 16 个小时，完成了空袭利比亚的作战任务，使人们真正见识到了美军"无远不达""全球作战"的能力。空中加油机及相关技术一下子引起了全世界人们的关注。

那么空中加油技术的发展起源是什么呢？殊不知，空中加油技术起源于一次近乎疯狂的冒险行动。1921 年一天，美国人威利·梅伊把一个装有 5 加仑航空汽油的罐子绑在背上，从一架飞行中的"林肯"型飞机的机翼上，爬到另一架飞行中的"珍妮" JN – 24 飞机的机翼上，并移动到机身的发动机旁，将油罐中的航空汽油倒进发动机的燃料箱里，从而成功地完成了世界上第一次空中加油，开始了人类对空中加油技术的开发。当然，这一次空中加油还不算是真正意义上的空中加油，但毕竟是开启了空中加油的时代，随后的 1923 年，美国陆军的一架单引擎 DH – 4B 飞机，在飞行中由另一架同型飞机，用人工操作，以软管自流的方式进行两次加油，这才是人类历史上真正意义上的空中加油。20 世纪 30 ~ 40 年代，英、美先后研制成插头锥套式加油设备。40 年代末，美国研制成伸缩式加油设备。装有这种设备的加油机都是在第二次世界大战后，才大量装备部队的。

空中加油技术一经产生，便迅速在实战中得到了广泛的应用，并取得了不菲的战绩。上面所提及的美军空袭利比亚就是个典型的空中加油技术应用，另外，在越南战争、海湾战争、科索沃战争中空中加油技术也获得了广泛的应用。其中越南战争是实战中大规模实施空中加油的开端，从战争爆发到停战的9年零2个月时间内，美军的172架KC-135加油机共起飞194687架次，进行空中加油813878次，共加燃油410万吨；海湾战争是近些年来实施空中加油最多的一次战争行动，整个战争期间，仅美军就投入加油机308架，共完成了5.1万次空中加油任务；科索沃战争中，北约出动240架空中加油机，共实施了1.4万次空中加油，美国的B-2轰炸机由其本土起飞实施30多个小时的远程奔袭完全倚仗的就是空中加油。

那么，空中加油是怎么实现的呢？空中加油通常由运输机或轰炸机加装空中加油设备改装而成的。空中加油机的加油设备装在机身尾部或机翼下的吊舱内，由飞行员或加油员操纵。储油箱则分组安装在机身、机翼内。加油设备主要有插头锥套式和伸缩管式两种。有的空中加油机在伸缩管的末端加装软管锥套系统。插头锥套加油设备，又称软管加油系统，主要由输油软管卷盘装置、压力供油机构和电控指示装置等组成，软管长度视机型而定，一般为16～30米，软管末端有锥套，其外形呈伞状，内有加油接头。受油机的受油管（口）装在机头或机身背部。进行空中加油时，加油机在受油机的前上方飞行，由飞行员或加油员打开输油管卷盘的锁定机构，伸出锥套，锥套受气流作用而展开，将输油软管拖出。与此同时，受油机飞行员调整飞行速度、航向和高度，待受油管插进锥套内时，油路自动接通，开始加油。插头锥套式设备，在一架加油机上可装数套，能同时给几架飞机加油。伸缩管式加油设备，又称硬管加油系统。主要由伸缩管、压力加油机构和电控指示监控装置组成。伸缩管包括主管和套管，主管外壁装有升降索和稳定舵。伸缩管式加油设备一般装在加油机机身尾部下方。空中加油时，加油机利用升降索放下伸缩管，稳定舵在气流作用下，将伸缩管沿垂直方向和水平方向稳定在一定的空间范围内，套管从主管内伸出。与此同时，受油机占好有利位置，完成对接，开始加油。这种设备对受油机保持规定位置要求较低，但同一时间内只能给一架飞机加油。装伸缩管式加油设备的加油机，也可在机翼下加装软管加油系统吊舱。

空中加油机为飞行中的战机加油

空中加油是一个复杂的过程，加油的程序一般有四个阶段。（1）会合。空中加油机与受油机的会合有四种方式。一是同航线会合，就是加油机和受油机在同一航线上的某处进行会合；二是定时会合，要求加油机和受油机定出加油协调要求和特定会合时间，按时在指定空域会合；三是对飞会合，就是两架飞机正面飞行，相互靠拢，然后受油机按加油机前进方向作180°转弯，把航向转到加油机方向，并在前方约5千米处做好加油准备；四是待机会合，就是由空中预警机与加油机、受油机进行通信联络，向加油机发出航向和速度指令，同时引导受油机与加油机会合，直到受油机飞行员能用雷达或目视发现加油机为止，然后，受油机再进入受油位置，无论采用何种方式，受油机均应比加油机高度低60米。（2）对接。对接是空中加油的关键环节，必须严格按照技术要求和操作程序进行。受油机带弹时，应采取严格的安全措施。受油机带有射击武器时，更要注意安全，除加油和通话开关外，飞行员不得触及其他电子开关。（3）加油。加油时装在吊舱内的燃油泵将加油箱内的燃油经输油管输往受油机机箱，加油机上的加油控制板能随时将输出的油量及加油压力和其他加油附件的工作情况显示出来。受油机上各油箱的附件情况也在一定位置上显示出来。加油时受油机与加油机的高度、速度和相对位置都必须严格保持不变。当受油机加进一部分燃油后，飞机重量就会增加，而加油机重量又会减轻，两机必须随时调整飞行的速度和姿态，以保证顺利实施加油。（4）分离。分离是空中加油的最后一个程序，受油机受油完毕后，各油箱加油开关自动关闭，加油结束信号灯亮，受油机减速脱离退出加油。加油机由于加油管中燃油停止流动，这时吊舱的相应机构控制油泵停止工作，并在座舱的加油控制板上显示，由传动机构收回加油管。

经过近 90 年的研究和实践，空中加油技术日益成熟与完善，应用范围也越来越广泛。空中加油机从活塞式飞机发展到涡轮螺旋桨飞机，继而发展为喷气式飞机；加油机供油量从数千升增加到 10 万多升。受油机遍及歼击机、攻击机、轰炸机、预警机、巡逻机、运输机、侦察机和直升机等机种。目前，世界上有 20 多个国家拥有空中加油机，共装备 10 余种型号的加油机 1000 余架，装有受油装置的飞机约 11000 多架。目前，典型的空中加油机有美国的 KC-130、KC-135、KC-10A，英国的 VC-10 和俄罗斯的"伊尔-76"等。这些加油机在 21 世纪初仍将发挥重要作用。同时，美、英、法、俄等国不断利用技术优势，开展多边、多国合作，集中力量研制新型加油机。

【点评】空中加油技术，有效地增大了飞机的航程、作战半径，延长了留空时间、大大提高了航空兵的远程作战能力，已经成为战略型空军的主要标志。

超音速技术：战斗机突破音障

　　1947 年，美国空军试飞员查尔斯·爱尔伍德·耶格尔驾驶一架美国贝尔 XS-1 型火箭发动机飞机，进行了第一次超音速飞行，飞行速度达到 1078.23 公里/小时。美国目前第五代战机 F/A-22 巡航速度达到了 1.78 马赫，最大飞行速度更是达到了 2.1 马赫。飞机为什么会飞得这么快呢？其背后的支撑实际上是飞机推进技术和气动力布局技术。

　　传统的战斗机，也就是以活塞式发动机为动力的战斗机，通过螺旋桨产生推力的飞机，当速度达到 750 公里/小时后，要想进一步提高速度是不可能的。难题就是遇到了音障。音障就是物体运动达到音速时，会在运动方向上产生激波，激波会使飞行物体的气动力特性发生变化，成为飞行的新的阻力。要想使飞机的飞行速度有更大的提高，达到音速和超音速，首先就要突破活塞式发动机和螺旋桨的极限，突破音障的要求。喷气式发动机应运而生，使得飞机的发展进入喷气式时代。喷气发动机以燃气的高速喷射为飞机的飞行提供动力。与旧的推进装置相比，喷气发动机不仅结构简单，而且效率更高。它省略了活塞式发动机必不可少的众多汽缸和活塞，也省略了复杂的传动装置，减少了能量转换过程中的环节，减少了能量的损耗，比旧的推进装置有着更大的推重比。使用喷气发动机后，不再需要螺旋桨，也就从根本上克服了螺旋桨推进达到音速时碰到的激波问题，从此，笨重的螺旋桨开始从飞机动力装置上逐步被淘汰，飞机发展到今天，除了极少量特殊用途的飞机外，已经见不到用螺旋桨推进的飞机了。

　　喷气发动机有两大类，一类是空气喷气发动机，一类是火箭喷气发动机。这两类发动机的工作原理相同，都是通过喷射燃气产生推力。德国在第二次世界大战后期，曾在飞机上使用过这两类发动机。它们各有特点，空气喷气发动机工作时离不开氧，要借助于大气，其工作时间较长；火箭喷气发动机工作时不需要氧，可以在空气稀薄的高空工作，但其工作时间较短。直到今天，飞机仍然使用的是这两类发动机，只是性能不断得到改进和提高。1939年，德国的He178飞机试飞成功。成为世界上第一架喷气式飞机。1945年，装有两台喷气发动机的英国"流星"式飞机的飞行速度达到976公里/小时，创造了当时的世界纪录。1950年，在朝鲜战争中，美国的F-86A"佩刀"式飞机与苏联的米格-15飞机，进行了人类历史上的首次喷气式飞机之间的空战。

同时，为突破音障，还需要不断改进飞机旧的气动力布局，改变飞机旧的机翼外形。机翼是飞机的主要部件，其基本功能是使飞机获得飞行所必需的升力。早期的机翼是平直机翼，机翼的前缘与机身的纵轴几乎呈垂直状态。1945年，英国研制了一种安装了当时最先进的喷气发动机的飞机，其平飞速度达到976公里/小时，从高空俯冲时达到1120公里/小时，接近音速。但没过多久，两架飞机先后在空中解体。研究后发现，当飞机飞行速度接近音速时，在机翼上会产生激波，使机翼上的空气压力发生变化，气流变得非常紊乱，致使飞机抖动，出现诸如机翼下沉、机头向下栽或在爬高时自动上仰等症状，使得飞机难以控制，当飞机不受操纵地作自动俯冲时，俯冲增速形成的负载，超过飞机所能承受的强度，从而使飞机解体。机翼上产生激波后，飞机的阻力也会急剧增加。仅靠发动机的改进，不能消除激波，也很难使飞机突破音速，要克服音障，还必须改进机翼。进入喷气式时代以后，为了适应突破音障的需要，机翼经历了从平直翼到后掠翼又到三角翼再到可变翼的发展过程。

后掠翼。机翼的前缘与飞机的纵轴线形成小于90度的夹角，整个机翼向后倾斜，使飞机看起来像只飞行的燕了，且后掠角超过25度。25度是后掠翼与平直翼的区别拐点。后掠翼能有效延缓翼面局部音速气流的产生，减小飞行阻力的作用。飞行阻力作用于后掠机翼时会被分解。第二次世界大战期间，德国在后掠翼的研究方面就已经取得相当成就。德国战败后，这方面的材料为苏联所获，1947年，他们将后掠翼技术用在了米格－15上，随后，美国也在F-86"佩刀"式上使用了后掠翼技术，使它们的飞行速度均达到了1050公里/小时左右。

三角翼。随着飞行速度的不断提高，机翼的后掠角也不断增大，当机翼后掠角增大到55～60度时，后掠翼便演变成了三角翼，也就是机翼前缘为大后掠角，后缘基本平直的机翼。三角翼的出现，满足了飞行速度从亚音速到超音速的发展需要。其气动力方面的优势是当飞行速度从亚音速过渡到超音速时，机翼的压力中心变化较小，超音速飞行的阻力也较小，有利于超音速飞行。在结构方面，由于三角翼的根弦较长，与后掠翼相比，在相对厚度相同的条件下，三角翼根部的绝对厚度较大，对结构受力和内部空间的利用比较有利。机翼与机身通常采用多点连接的方式，以起到加强的作用。苏联的米格-21、美国的F-4和中国的歼-8Ⅱ都是三角翼飞机。

可变翼。机翼的后掠角可以调整变化，与不变翼相区别。适应提高飞行速度，减小飞行阻力的需要，机翼的后掠角越来越大，但其升力却越来越小，起飞时往往要滑行很长的距离才能离地。满足了高速飞行的需要，但却使低速的飞行性能越来越差。为了使超音速飞机的高速性能和低速性能能够得到兼顾，产生了可变翼技术。机翼掠角可以根据高速飞行和低速飞行的不同需要而加以调整。高速飞行时，使用大后掠角，这时飞机的阻力小，加速性能好，抗阵风能力强；低速飞行或者起降时，使用小后掠角，机翼展弦比大，飞机的续航时间长，经济性好，升力大，起降安全。可变翼技术从20世纪40年代开始研究，其机理并不复杂，关键是要有一套安全可靠的传动机构。直到20世纪60年代后，该技术才开始走向成熟，并逐步在军用飞机上被采用。自从1964年世界上第一架实用的可变翼飞机 F-111 出现以后，先后有 10 多种可变后掠翼飞机相继问世，如 F-14、米格-23、苏-24 和"狂风"等。

当前，在三角翼的基础上还出现了机身融合的设计趋向。机身一体化使得飞机从外形上看，已经没有了传统的机身机翼之分。这种设计思想适应了飞行速度更快（达到音速的 3 倍）、隐形、扩大飞机的可利用空间等新的需要。美国 20 世纪 60 年代研制成功的 RS-71 高空超音速侦察机就开始采用机身融合技术，F-16 也从机身融合技术中得到益处，近年来出现的 F-117 隐形飞机已和传统的飞机外形大不相同，而 A-12 舰载攻击机看起来已经完全没有了机身，成为一个三角机翼，从而被称为"飞翼"式飞机了。由于推进技术的革命、机翼气动力学的研究和改进，飞行速度终于突破了音障。

【点评】超音速技术，可以使现代战机迅速接近目标，攻击后迅速脱离，可以把敌机拦截在更远的空域，还可以对敌实施多次攻击，就连一般的防空导弹对其也是"撵不上"。

主动控制技术：超级"眼镜蛇"动作的后盾

俄罗斯的勇士表演队的超级"眼镜蛇"动作使苏-27 战机闻名遐迩、风靡世界，人们为战机优异的机动敏捷性叹服。战斗机的敏捷性之所以大大提高，是因为现代战斗机在设计上可操纵的翼面大大增加，许多战斗机有 11 个以上，这使得战斗机的敏捷性大大提高。但同时，有人就纳闷了，飞机这么多翼面，飞行员是怎么操作的呢？一般人可能还真为飞行员叫苦，这也太"辛苦"了吧！殊不知，飞行员在架舱里是相当的"舒适"和"安逸"的，因为他们有主动控制技术做后盾。

什么是主动控制技术呢？主动控制技术（ACT），就是在飞机总体设计阶段主动地将自动控制系统与气动力布局、结构、动力装置等结合在一起进行综合的设计，从而全面地提高飞机的飞行性能并改善飞行品质。具有这种技术的飞机装有各种飞行状态传感器、计算机、自动控制系统。在飞行过程中机载计算机可根据飞行员的意图、飞机的姿态、周围的气流条件，及时发出指令信号，主动控制各种操纵面，使操纵面上的气动力按需要变化，以提高飞机的机动性。

苏-27 战斗机"眼镜蛇"动作全过程

从设计技术角度讲，主动控制设计技术与基本设计技术的区别在于，基本设计技术是根据任务的要求，以气动力、结构和动力装置三大基本因素来确定飞机布局的，如飞机不能完全满足设计要求，这时才采用自动控制系统加以改善，也就是说，主动控制系统是后来加到飞机上的，对飞机的结构没有直接影响。而主动控制技术则把主动控制系统提到和上述三个因素（气动力、结构和动力装置）并驾齐驱的地位，也就是在飞机布局设计之初就把控制技术与基本的三大技术同时考虑，因而使设计者可以利用飞行控制技术明显地提高飞行器的性能。

采用主动控制技术对自动控制系统的可靠性要求很高，一旦电子设备出了故障，飞机就很容易出事故。主动控制内容主要包括放宽静稳定性、直接力控制、机动载荷控制、乘坐品质控制等项。

放宽静稳定性是飞机上的专用名词，就是为保证飞机飞行中有足够的稳定性，在常规飞机的设计中，必须使飞机的焦点位于飞机重心后面一定距离，这样，当飞机受到扰动时，飞机本身就会产生恢复力矩（稳定力矩），使飞机趋于恢复原来的姿态，而不需飞行员去操纵。不过，对稳定性的追求往往要牺牲飞机的操纵性。若纵向稳定性太大则操纵费力，飞机不灵敏，机动性也差；若稳定性太小，飞机又过于灵敏，不容易控制杆位移量。如果在设计飞机时，使飞机在亚音速飞行中稳定裕量适中的话，那么飞机在超音速飞行中的稳定裕量就会显得过大（因为飞机从亚音速增速到超音速的过程中，飞机的焦点会急剧后移），以致影响飞机的机动性。而且由于飞机焦点后移量大，其升力形成的下俯力矩就大，为了达到平衡，在平尾上就需要产生一个较大的向下的配平升力，由于平尾偏转角度有限，只有增加平尾面积才行，这又会导致飞机重量和配平阻力的增加。如果放宽了飞机的静稳定性，就不会出现这样的问题。因为这种飞机在亚音速飞行中，飞机的焦点位于飞机重心之前，从而加大了飞机的不稳定性，在亚音速飞行中，飞机的焦点与飞机重心相距很近，处于接近稳定状态，即中立稳定状态；而在超音速飞行中，飞机焦点虽然移至飞机重心后面，但两者距离不会太大，即可将稳定裕量大大降低，从而显著改善飞机的机动性能。那么，又如何保证飞机的稳定性呢？这就要求飞机装有优良而可靠的自动控制系统，由它来保证飞机的稳定性。这就是放宽静稳定性的概念。开始采用纵向稳定性放宽技术之后，不论飞机纵向是稳定的，是中立稳定的，还是不稳定的，飞行员都可按纵向稳定的情况进行操纵，因为升降舵（或平尾）是由计算机和电传操纵机构根据传感器所感受到的飞行状态参数，按预定程序，自动进行控制的。所以飞机的操纵性和机动性可得到明显改善。

由于采用放宽静稳定性技术的飞机，焦点在重心之前，其升力产生的是上仰力矩，因此，在平尾上必须产生一个向上的配平升力来实现力矩平衡。这就意味着，在其他条件不变的情况下，飞机可获得较大的升力。当飞机处于超音速飞行时，尽管飞机的焦点后移到重心之后但由于离重心的距离小，因此，升力产生的下俯力矩并不大，在平尾上只需产生不大的向下配平升力就可实现力矩平衡，这样平尾面积就可大大减小。

对于常规飞机来说，操纵面（升降舵、方向舵和副翼）偏转的直接效果主要是产生操纵力矩（俯仰、方向和滚转力矩）来改变飞机的姿态，从而产生迎角、侧滑角和滚转角的变化，以产生足够的气动力的变化，来改变飞机的飞行轨迹。所以飞行员在做出操纵动作以后，飞机航迹不会马上改变，有明显的滞后作用。而采用直接力控制，可在不改变飞机姿态的条件下，直接通过控制面造成升力或侧力来操纵飞机机动，从而达到精确控制飞行轨迹和增强机动能力的目的。直接力控制包括直接升力和直接侧力两种控制。采用直接力控制，可以大大改善飞机的操纵性，为实现飞机的精确操纵开辟了新途径，为创造新的空战战术提供了条件。

常规飞机的机动飞行能力受失速迎角的限制。有的机型在大迎角下，还可能产生翼尖失速，甚至会危及飞行安全。装有机动载荷控制系统的飞机，根据飞机过载的大小或根据过载指令的大小，控制系统会自动地偏转机翼上的气动力操纵面，调整沿机翼展向或弦向的气动载荷分布，从而达到改善机翼承载状况和增强飞机机动性的目的。例如，采用机动载荷控制技术的 F-4 飞机与常规 F-4 飞机相比，当转弯 30 秒钟，前者已转过 180°而后者只转过 135°。

按常规设计的高速飞机，飞行中若遇到周期性阵风时，机身会发生弹性振动，乘员会感到不舒服，从而影响飞行员的操纵，这就是所谓乘坐品质问题。所以对飞机乘感控制的首要任务是抑制弹性振动。最初所采取抑制弹性振动的常规办法是增加机体的结构刚度，这样就会带来机体结构重量的增加。乘坐品质控制的控制原理是，把测量机身弹性振动加速度的加速度计所感受到的信号输入机载计算机，经过解算后，再控制舵机协调偏转抑振力操纵面，以达到抑制机身弹性振动的目的，从而改善乘员的乘坐舒适度。在轰炸机和战斗机乘员座位处，要求改善乘员乘坐的舒适度，而一般民用客机则要求改善沿整个机身的舒适性。这种控制，对军用飞机而言，因减轻了乘员长时间飞行的疲劳，从而可改善和提高执行任务的效果。例如，美国在 B-1 战略轰炸机上采用了这种系统，就大大改善了长时间执行低空任务飞行员的乘坐舒适性。

【点评】主动控制技术，能够主动控制各种操纵面，使操纵面上的气动力按需要变化，全面地提高飞机的飞行性能并改善飞行品质，做出诸如"眼镜蛇"动作等高难度动作，使飞行员在空战中占据主动。

垂直/短距起降技术：像直升机一样升降的战斗机

在大家的印象中，只有直升机才能垂直起降，而战斗机的起降都要滑行过长长的跑道，这也是为什么现代战争中把摧毁对方机场，使敌方的战斗机不能升空作为控制制空权的一种战略手段。但是，现在战斗机也能垂直或短距起飞了，并且这样的战斗机已经批量装备部队了，如，英国的"鹞"式和苏联的雅克-36。1982 年 4 月，英国、阿根廷马尔维纳斯群岛（福克兰群岛）战争中，英国的"鹞"式和舰载型"海鹞"式垂直/短距起降战斗机，与阿根廷空军展开了大规模空战。结果，阿根廷损失的飞机中，有 31 架是被"鹞"和"海鹞"击落的，而"鹞"式飞机没有一架被阿方的飞机击落、击伤。这是使用垂直起降技术的飞机第一次参加实战。

喷气式发动机出现后，使得飞机的起飞和着陆速度增大，这要求滑跑距离增长，需要延长跑道，一般正规的跑道长 2000 ~ 3000 米、宽 40 ~ 60 米，这一起飞过程，从发动、滑跑到飞机离地，必须经过一定距离后、达到一定速度才行。这个距离一般在 900 米左右，视飞机加速性能及载弹量、载油量不同而有所区别。这不利于飞机的作战使用及其在地面的生存，这也就是大家从电影里经常看到的第二次世界大战中日本军队强迫大量中国劳工无休止地修机场的原因。为解决这一问题，一些国家在第二次世界大战结束后，相继着手研究垂直起降技术，研制垂直/短距起降飞机，先后出现了十几种试验飞机，有的在已有发动机的飞机上加装若干台重量很轻而推力很大的小发动机，把它垂直安装在飞机机身内，喷口向下喷气，推力垂直向上，这样飞机可以垂直上升，到了空中后，再关掉垂直发动机，使用普通向后喷气的发动机，使飞机向前飞。有的用转动机翼或转动发动机的办法，来使飞机垂直起降。这些试验，虽然经过几年的努力，但因为种种技术困难，或者效率太低，附加装置本身的重量太大，装载的燃料和弹药太少，或者工作不可靠等原因，绝大部分被淘汰了。最后真正获得成功并且装备部队使用的，只有英国的"鹞"式和苏联的雅克-36，"鹞"式飞机于1957年开始研制，1969年装备部队。苏联的雅克-36于20世纪70年代开始装备部队。

英国皇家空军"鹞"式战斗机

获得成功的垂直起降飞机，主要是以可转向的喷气发动机的喷口形成的推力克服飞机自身的重量，实现垂直起降的。雅克-36装备一台有一对可转向喷口的涡轮喷气发动机和两台小型升力喷气发动机。"海鹞"装备一台有4个可转向喷口的"飞马"涡轮风扇喷气发动机，4个喷口分别设在机身下方的飞机重心四周，每个喷口都可以在一定范围内灵活地向任意方向转动，从而产生不同方向的推力，使飞机可以向前、后退、横向飞、悬停、空中原地转弯和垂直起落。当飞机需要起飞升空时，喷口转向下方，借助发动机的推力克服飞机重量垂直上升。然后，发动机喷口向后转动，使飞机加速，逐步过渡到以机翼产生的升力支持飞机重量的正常飞行。当飞机需要降落时，飞机减速飞抵降落区上空，发动机喷口由后转而向下，飞机由机翼产生升力的正常飞行过渡到由发动机推力支持飞机的零速度状态，然后垂直下降。因此，"鹞"式飞机和苏联的雅克-36都不需要很长的跑道。一块大约35米×35米大小的空地，就可以供"鹞"式飞机着陆。

垂直起降技术的出现和利用，不仅使固定翼飞机能像直升机那样实现了垂直起降，而且极大地提高了飞机飞行的灵活性。使战斗机飞机减少或完全摆脱了对机场的依赖，便于疏散隐蔽和出击转移，在执行近距离支援和侦察等任务时反应迅速，从而提高了飞机的地面生存能力和机动能力。垂直起降的歼击机或强击机，可配驻在航空母舰、巡洋舰、驱逐舰或两栖攻击舰等水面舰艇上，增强舰艇的防空能力和突击能力。在英阿马岛之战中，"海鹞"式战斗机击落的阿方飞机中，有11架是速度超过音速2倍的法制"幻影"战斗机。重要的原因之一是：在中低空格斗中，战斗机机动一般不会超过音速。所以，"幻影"并不能发挥速度大的优越性，而"海鹞"利用发动机推力变向，可进行超常规的极灵活的机动，格斗能力要强得多。

但已装备的垂直起降飞机还存在很大的不足。首先，它的耗油量大，垂直起降、悬停需要大量燃料；垂直起降时，受重量限制（飞机起飞全重不能超过发动机推力的85%），不能加满油，作战半径很短，只有不足100公里；飞行速度偏低，每小时约为1000公里。为了减小油耗和增加起飞重量，不采用垂直起降方式，而是借助于长约300米的平直跑道或60米长的斜坡跑道，其作战半径将延长到300～400公里。因此，在实际使用垂直起降飞机时，常让其使用短距跑道，所以人们又把垂直起降飞机称之为垂直/短距起降飞机。

起飞助动技术：战斗机的起飞跳板

在垂直/短距起降飞机诞生以前，航母上起飞的战斗机往往用弹射器弹射起飞，这种做法在西方国家获得了普遍应用。但俄罗斯人却发明了战斗机的起飞跳板来帮助航母上的战斗机起飞。那么，起飞跳板是什么呢？

航空母舰的起飞跳板，其实很简单，就是将航空母舰的飞行甲板变成一个倾角为12°～13°的斜板，不需要一两套笨重的蒸汽弹射辅助起飞装置，事实证明很成功。目前，停泊在大连港口的"瓦良格"号航母就是这个模样。

对陆基战斗机来说，俄罗斯科学家充分发挥了他们的智慧，借鉴了航空母舰使用滑跃式起飞板的经验，研制了陆地使用的、具有弹跳性能的"起飞跳板"，起个代号叫 MT-1。该跳板由 7 段短板组成，全长 14 米，高 750 毫米，总重 22 吨，用两辆车或一辆带挂车的卡车运输。装卸任务可由 3 人安装小组，分别在 40 分钟内采用标准自动式起重机来完成。这样的"起飞跳板"，主要安装在起降跑道未受攻击段的末端，给飞机短距起飞创造一个有利条件，也可以为赢得战争胜利争取宝贵时间。

1999 年底，俄罗斯的一架米格-29 战斗机，在萨基城某机场，开始滑跑不到 300 米，到达预先设置的"起飞跳板"，随即轻轻一跃，就飞向了天空。这是飞机从机场跑道上的机动式跳板起飞的成

"瓦良格"号航母

功尝试。这一尝试，标志着战机的通天之路将比常规滑跑距离减少60%。据称，经过进一步改进的"起飞跳板"，将使飞机滑跑距离进一步缩短。通过"起飞跳板"执行升空作战任务的战斗机可以节省几十秒起飞时间，拉近与敌机几千米到几十千米的距离，这为战机迎战敌机赢得了更多的时机。

另外，具有深远的现实意义的是，这种既能方便拆装又可机动展开的战机"起飞跳板"，为米格－29等轻型战斗机的升空打开了快速的通天之道，特别是能够在机场跑道遭受突然打击时，有机会"抢救"出不少飞机，而一套"起飞跳板"的造价仅是一架米格－29飞机的百分之几，其费比是很高的。

【点评】起飞助动技术，通过在飞机滑行的末端施加助动力，使战斗机经过短距离滑行起飞，既能达成战斗机的短距起降目的，又不需要像现代的垂直/短距起降技术那样牺牲战斗机的其他性能。

地形跟随与回避技术：复杂地形上空超低空飞行的领航员

超低空飞行，是利用雷达低空盲区的存在，规避敌方雷达探测，突破敌方防空网实施轰炸的重要手段。但同时，由于战机速度很快，会使得飞行员在高低起伏的复杂地形上空飞行的危险性增大，怎么解决这一问题呢？基于地形跟随与回避技术的机载地形跟随和地形回避雷达的使用解决了这一难题。

飞机上所装的地形跟随雷达提供的信息，使飞机保持某一选定的真实高度（飞机离地高度），在垂直平面内随地貌机动飞行；地形回避雷达用以使飞机保持某一选定的绝对高度，在水平面上绕开障碍物进行飞行。现代战斗机的机载雷达一般同时具有地形跟随和地形回避功能。地形跟随和地形回避与计算机、自动驾驶仪、无线电高度表和飞行控制伺服机械等分别组成地形跟随系统和地形回避系统。越来越多的战斗机同时装备有这两种系统，主要用于保障低空突防的飞行安全。

地形跟随和地形回避雷达的基本组成和工作原理与普通脉冲雷达相似。为获得较高的测量精度和分辨率，多采用单脉冲体制。利用跟随雷达控制飞行时，雷达波束照射飞行前方地面，天线上下扫描，以测定地形剖面各点的距离、仰角等与高度有关的参数，送至地形跟随计算机，从中检出最危险的地形点，并参照载机的飞行参数及预先选定的真实高度，进行运算和逻辑处理，产生飞行控制指令，输给自动驾驶仪或显示器，进行自动或人工控制，操纵飞机保持规定的高度随地形起伏爬升或下滑。利用地形回避雷达控制飞行时，雷达波束以一定角度对飞行前方的地面，天线左右扫描，探测前方一定距离内的地形，测出高于飞行平面的地物的距离、高度等参数，送至地形回避雷达显示器，以光点形式在荧屏上显示出来，飞行员直接观察显示器，即可使飞机绕开障碍物飞行；雷达获得信息，还可送至地形回避计算机，经过运算处理，产生飞行控制指令，输出给自动驾驶仪，使飞机在选定的飞行平面上自动避开障碍物飞行。地形跟随和地形回避雷达的工作必须安全可靠。因此，一般都备有自检报警系统，并采用冗余度技术，以确保飞行安全。

【点评】地形跟随与回避技术，有效地解决了战斗机的飞行安全问题，可以使飞行员专心于低空巡航或者突防，已经成为现代战机的必备技术。

地效飞行技术：揭秘"里海怪物"

20世纪60年代西方侦察卫星发现里海海面上有一种贴着海面高速"奔跑"的怪物，速度极快，一时引起了人们的广泛关注，也成了军事界一个难解的谜。后来，随着苏联逐渐对这怪物的解密和前几年中国制造出了自己的地效飞行器，大家都知道了其实"里海怪物"是苏联研制的一种地效飞行器，其支撑技术也就是人们现在所知道的地效飞行技术，该技术借助地面效应原理，将常规飞机空中飞行的高速性和海上舰船高承载性的优点结合起来。

早在航空业发展初期，飞行员们就发现，小展弦比、下单翼、宽翼展飞机在接近地面或水面飞行时有一种轻飘飘的感觉，不容易完成着陆。很快，空气动力学家们就弄明白了这种现象存在的原理，并把它称作为"地面效应"。地面效应是飞行器或它的升力装置在贴近地面或水面进行低高度飞行时，由于地面或水面干扰的存在，航空器升力装置的下洗作用受到阻挠，使地面或水面与飞行器升力面之间的气流受到压缩并因而增大了机翼升力并同时减少阻力的一种空气动力特性。通常航空器距地面高度小于0.5~1个翼展时，地面效应才起作用。

与相同排水量的舰船相比，地效飞行器因在巡航飞行阶段不与水面直接接触，大大减少了航行阻力，提高了巡航速度；与常规的飞行器相比，它的载运重量远远高于同级的飞机，从而填补了海上和空中运输器之间的空当。

苏联科学家率先认识到这种气动特性的重要价值。苏联的下诺夫哥罗德水翼艇中央设计局（现在以地效飞行器创始人 P-E-阿列克耶夫命名）自 20 世纪 60 年代起就开始地效飞行器的理论和实验研究。其中包括对专门研制的起飞重量从 1.5 吨到 500 吨、甚至更大的地效飞行器进行试验，并根据研究结果，解决了地效飞行器的空气动力学、结构强度、安全性及使用可靠性问题和其相应的结构材料、发动机和机载设备的保障问题，成功地利用了自己设计的燃气涡轮发动机和导航驾驶系统。

在此理论和试验基础上，苏联从事舰船制造和航空产品工作的研究和发展局着手探索研究了掠海飞行的地效飞行器。"里海怪物"，直到国外侦察卫星把其照片转发到地面后，才使得这个世界上第一架地效飞行器的研究公之于世。它长近 100 米，翼展 37.6 米，重 544 吨，装有 10 台发动机，巡航高度 10 米，速度达 400 千米/小时，可搭载 500 名士兵。它不仅能在低空飞行、水上滑行，而且能越过沙丘、沼泽地、雪丘等执行搜索潜艇、运送装备（包括导弹装备）的任务，可奔袭数千千米。由于它的超低空飞行，传统的雷达很难发现它。"里海怪物"由苏联红色安尔科沃工厂生产，其试验工作先后持续了 15 年之久。在 1988 年安 225 飞机问世前，它一直被认为是世界上最大的飞行器。该机总共生产了 5 架，其中的一架于 1980 年在黑海坠毁。

地效飞行器

到 20 世纪 70~80 年代，苏联已经制造出了各种不同种类的实用型地效飞行器。多年来，军用地效飞行器成功的使用经验已经表明，它们在战时具有良好的执行战略和战术任务的能力，在和平时期又能有效地执行海面监视任务。同时，它还具有不需要像飞机那样昂贵的地面或水面基础设施的优点，因而，地效飞行器具有向民用领域开发的良好技术基础和经济基础，并正在迅速向各种民用领域发展，包括：客运、货运、搜索与救援和水域探察等。专家们分析，在机场基础设施薄弱的东南亚多岛地区，使用地效飞行器的效果尤为明显，而加拿大早就渴望得到这种综合性的、四季皆宜的环保型运输工具。尽管俄罗斯地效飞行器的应用研究原来主要集中在海军军用运输等任务上，但它所具有的卓越的机动性和适航性，完全适用于民用领域。

地效飞行器具有多种工作方式：如可在水面上滑行，可在地面、冰面或雪面上进行低空飞行。在现代军事领域中可执行侦察、巡逻、反潜、布雷、扫雷、救生或补给等任务。2007 年的莫斯科航展上，俄罗斯研制的别-2500 超重型水陆两用运输机，即地效飞行器以其令目前所有的运输机都望尘莫及的 1000 吨载重量引起世人的关注。

【点评】地效飞行技术，将常规飞机空中飞行的高速性和海上舰船高承载性的优点结合起来，大大提高了地效飞行器的飞行速度和运载能力，引领着运输革命的潮流。

无人机技术：空战中"零伤亡"的神话

美国相对于其他国家来说，更注重作战人员的"生命关怀"，在战场上，投降是一种不丢脸的选择，只要不丢命就行。为了降低人员死亡率，美军不仅鼓励在必要时投降，还在现代战争中注重利用空中优势如采用空袭的方式来打击对手，以图实现"零伤亡"。但随着世界各国防空兵器的发展，空中的战斗机也不安全了，时时有被击落的危险，就连F-117这样的隐形、高空轰炸机也在科索沃战争中折翼了。2009年4月，美国参谋长联席会议副主席詹姆士·卡特赖特将军指出，"捕食者"和"收割者"无人机正开始补充某些由F-15和F-16有人飞机占据的任务空间，因而可使美国空军退役250架老式的有人战斗机。这一谈话其中无不包含着实现战争"零伤亡"的意思。

无人机20世纪20年代诞生于英国，越南战争时期就投入作战使用了。虽然囿于当时技术水平的制约，未能发挥突出作用，但由于无人机与其他作战平台相比具有一些突出优势，如：设计中不必考虑飞行员的生理、心理和技术局限，可最大限度实现飞行器的技、战术指标；造价仅相当于有人驾驶飞机的20%；采用不同的挂载方案，可以遂行不同的任务；具有很强的战备能力和机动性；能够实时或近实时遂行侦察任务；特别适用于高风险作战环境、可有效避免人员伤亡；空中盘旋时很难被发现，比较适于暗夜侦察；无须复杂的后勤支援；大大缩短了平时训飞时间，从而延长了飞行器的作战使用寿命，等等，几十年来一直受到美军的重视。

美国是军用无人机研发大国，其研制的无人机型号种类和技术水平一直领先于世界其他国家，已投入使用的无人机多达75种，形成了高、中、低，远、近，战略、战役、战术等各层面搭配的无人机作战网络。目前，美国无人机研制的重点主要是长航时无人机和无人作战飞机。

在长航时无人机领域，美军拥有30多种型号，包括"全球鹰""捕食者"等。"全球鹰"无人机，机体多处采用新型材料制造，如机翼、后机身、发动机吊舱和尾翼面都采用复合材料。它的控制手段先进。操作时，只要把飞行路径信息数据输入机上计算机，"全球鹰"就能自主飞行。它装置了非常先进的电子侦察系统，包括由热成像仪和数字光学摄影机组成的传感侦测系统，还有 X 波段雷达。这种雷达如用广域搜索模式工作，24 小时可搜索侦测 10 万平方公里，精度达 1 米，如用点状搜索模式工作，可侦测 2 平方公里，精度高达 300 毫米。它通过 VHF/UHF 双频植被穿透雷达，能够探测和识别军用目标，如用树枝伪装的坦克等。机上获得的图像资料可通过数据链传给地面指挥中心。

"全球鹰"无人机

"捕食者"无人机，是用于执行侦察监视任务，并可携带武器实施空中打击的中空长航时多用途无人机。2005 年 3 月该机形成初始作战能力，目前，美空军已列装 120 余架，并计划再采购 77 架。"捕食者"为 F-16 战机一半大小，主要用于侦察、监视、目标定位和战场损伤评估，可为特种部队提供详细的战场情报，装有激光瞄准器，具有"海尔法"反坦克导弹发射能力；装备电光/红外传感器和合成孔径雷达，具有全天候侦察能力。MQ-1B 无人机为武装侦察型，可用 2 枚"海尔法"导弹替换侦察设备，实施对地攻击；美国 MQ-9"死神"无人机是一种大型无人机，具有战斗/攻击机的轰炸能力，主要用于打击移动目标，携带 2 枚"铺路石"激光制导炸弹和 4 枚"海尔法"反坦克导弹；MQ-9A 无人机采用涡桨发动机，增大了飞机尺寸，垂尾由倒 V 形改为 V 形，改善了飞行高度、速度、任务载荷和航程等性能。可以在 13000～15850 米高度飞行，

MQ-9"死神"无人机

能携带 8 枚"海尔法"导弹，并计划增加携带"响尾蛇"空空导弹和 JDAM 联合直接攻击武器的能力。该机具有持久滞空能力，主要用作针对关键时间敏感目标的"猎手—杀手"，其次是作为情报收集平台。一套 MQ-9 系统包含 4 架无人机、一个地面控制站和一套"捕食者"主卫星链路。综合传感器组件包括具有移动目标指示能力的合成孔径雷达及安装在一个转塔内的光电/中波红外传感器、一台激光测距仪和一台激光目标照射器。

无人作战飞机，X-45"飞马"无人战斗机是波音公司根据美国国防预研局攻击无人机（UCAV）研制计划合同研制的。2001 年进行了首次试飞。该机长 8.03 米，是一种无窗式飞机，大小与 F-117 隐形攻击机和 F-16 战斗机相仿，采用蝙蝠式机体布局，无尾结构，涡喷发动机上装有矩形二元推力矢量喷管，具有目标探测、识别、定位、快速重新定位和瞄准功能，可装多种先进、精确制导弹药，两个武器舱可视作战任务选用挂装多种武器。

目前，美国空军正在考虑启动一项"多任务无人机系统"，用以替代目前正在使用的 MQ-1"捕食者"和 MQ-9"死神"武装无人机，它是一种基于变体机翼技术的隐身无人监视/攻击飞机，具有长航时和高效组合能力。此外，美国空军还在和海军共同研发联合无人驾驶作战飞行系统（J-UCAS），这是一种可以亚音速飞行的隐形无人驾驶平台，装备有机载传感器，有效载荷大体与 F-16 战斗机相当，计划用于"伴随"电子攻击，主要为在敌方地域上空盘旋的突防攻击飞机提供"伴随"电子攻击支援。

目前，美空军正在大量采购无人机。在无人侦察机方面，美空军将继续开发和生产"全球鹰"高空情报—监视—侦察无人机，计划装备部队 60 架。在无人攻击机方面，美空军仍将结合使用"捕食者"和"死神"，按照发展规划，美空军在 2010 年前购入了 170 架 MQ-1 型"捕食者"无人机，建起了 15 支无人机中队，2012 年前将再购入 50～70 架 MQ-9 型无人机。届时，美空军将拥有 220 架以上具有攻击能力的无人机，替换掉同等数量的 F-16 战斗机，美军作战"零伤亡"的神话到时候也许真的可能会实现了。

【点评】无人机技术，不仅能实施空中侦察、战场监视和战斗毁伤评估等任务，而且能执行压制敌防空系统、对地攻击及对空作战任务，未来无人作战飞机不仅会在战场上与有人战斗机并肩作战，甚至在某些条件下还有可能替代有人战斗机执行原本属于有人驾驶飞机专有的更为复杂的任务，从而成为未来空中作战的主力航空武器装备。

飞行记录技术：认识战斗机的黑匣子

每当新闻里出现民航飞机失事的报道，总会有这样的词句："目前，打捞'黑匣子'的工作正在进行"，或者"救援人员正在努力寻找'黑匣子'"，或者"飞机上的'黑匣子'目前还未找到"等等。那么"黑匣子"究竟是什么东西？它又有什么用途呢？

原来，"黑匣子"是指飞机上的飞行记录器。现代"黑匣子"记录的数据有两类：一类是飞行参数，包括飞机飞行高度、速度、方向、爬升率、下降速度、加速度，发动机温度、压力、油量，起落架收放情况以及国际标准时间等。另一类是座舱内通话的记录，以及驾驶室内的各种声音。由于容量有限，它采取边记录新数据，边抹去旧数据的方法，使其数据始终保持在事故前一定时间（过去为 10 分钟，现在为 30 分钟）内。为确保记录内容的真实性，整个过程全部自动进行，不能人为控制。黑匣子的外壳由金属制成，可承受 5000 磅的撞击力，能在摄氏 2000 度的火焰中经受 30 分钟的烧烤，能在汽油、机油、酒精、电池酸液、海水中浸泡几个月而不改变性状。因此，尽管飞机坠毁，"黑匣子"却仍是完好无损。

20 世纪 50 年代主要采用以划针刻画金属箔的模拟式记录器，后被记录数据多而准确、处理方便的磁带记录的数字式记录器所取代，并已在中型客机上普遍使用。80 年代初，固体存储器的记录器以及把飞行记录器和舱音记录器合为一体的小型事故记录器开始在歼击机和直升机上使用。"黑匣子"内的电池可连续工作 1 个月并使信号器不断发出嘟嘟的声音，这种响声即使在水下 5 英里远的地方也清晰可辨。为便于在空难后发现和识别，"黑匣子"一般被涂成明黄、橘红等鲜艳夺目的颜色。"黑匣子"并不是根据其本身的颜色命名的，而是人们视它为空难不祥之物，故而定名为"黑匣子"。

对战斗机上的"黑匣子"来说，另一个重要用途就是对飞行员完成的飞行课目情况进行评估。有一次，一名新飞行员在飞行教员的带飞下完成一个复杂特技课目的飞行。他在空中对完成的动作自我感觉良好，着陆后，教员对他的动作存在的问题进行指正，他还不服。飞行结束后，把"黑匣子"卸下来送到飞行参数处理室，连接到计算机模拟设备上，不仅把空中这一动作完整地再现出来，而且每一时刻的飞机状态、速度、高度、仰角、过载、方向等都列了出来，这一下，谁对谁错也不用争了。装上"黑匣子"后，飞行员在空中完成课目时，别想蒙混过关，因为"黑匣子"眼睛亮着呢。

【点评】飞行记录技术，不仅能监控飞机的相关飞行参数，而且能够记录座舱内通话的记录，以及驾驶室内的各种声音，可以帮助研究人员了解飞机的飞行性能，探寻失事战机的原因。

敌我识别技术：防止自相残杀

1973 年第四次中东战争的第一天，埃及击落以色列飞机 89 架，但同时也击落自己的飞机 69 架；海湾战争中，即使在力量对比一边倒的形势下，多国部队的伤亡仍有一半是自己误伤的；伊拉克战争中，美英联军更是频发"误击""误伤""误炸"事件，如美军"战斧"导弹飞到伊朗、土耳其、沙特境内，美军"爱国者"导弹击落英军"狂风"战斗机，美军 F-16 战斗机轰炸"爱国者"导弹营阵地，英军炮火打击美军车队，F-15 战机攻击美军炮兵阵地，美机轰炸美军特种兵等。这真叫"本是同根生，相煎何太急"。他们为什么会自相残杀呢？最根本的一点就是敌我识别上出了问题。

敌我识别系统（IFF）就是通过各种可以利用的技术和手段，结合通用或专用的平台装备，在作战所需的时空范围内，对目标的敌我属性进行判别和确认。识别敌我属性信息涉及电子和信息等技术的各个方面，按工作原理可分为协作式敌我识别系统和非协作式敌我识别系统。

协作式敌我识别系统。是采用二次雷达工作原理，利用密码问答实现敌我属性识别，识别方与被识别目标之间相互配合获取目标敌我属性信息的一种工作方式。应答机是一种被动式的敌我识别装置，在收到己方询问信号时，能回答一组编码信号，供问方识别。问答机除具有应答功能外，还能主动识别目标发出询问信号。在作战飞机上，问答机通常与机载火控雷达交联工作。当火控雷达收到己方飞机回波信号时，问答机也收到应答信号，并在雷达显示器目标回波附近显示出识别标志。根据有无识别标志即可判断目标的敌我属性。有的机载敌我识别器与空中交通管制雷达兼容，除了发出特定的用以表达属性的编码外，还能给出载机高度等信息。由于己方要求回答的信号来自四面八方，战斗机必须能全方位接收询问信号并做出回答，因此，战斗机的各种波段的应答天线遍布机身各处：机腹、机翼前沿、翼下及尾翼等处。敌我识别器的密码绝不能被敌方破译，否则在战斗中敌方给出己方标志将无法对其攻击，而其却可以攻击自己，这在战斗中是很要命的。于是必须给敌我识别器加上一道保险：万一战斗机发生坠毁事故，安放在应答机密码晶体处的惯性引信炸药将炸毁密码晶体，以防止落入敌手。

非协作式敌我识别系统。是将被识别的目标看作系统的外部环境，通过传感器对其结构特征（目标二维投影的长度、宽度、周长和面积等）、统计特征（均值和均方偏差等）、空间特征（方向、位置、速度和距离等）和辐射参数/信号特征进行观测，通过一定算法，依靠系统处理器对数据进行相关分类、特征匹配等综合分析来确定目标的敌我属性。其优点在于不需要被识别目标做任何技术上的配合，可利用所有探测到的信息（如目标的电磁辐射和反射信号、红外辐射、声音信号、光电信号、GPS 信息等）进行识别，其作用范围大，并能同时对多目标进行识别，识别结果可以在各种作战武器间共享。

国际上现存的 IFF 系统按体制可分为二次雷达 IFF 系统、通信导航识别综合系统、时间同步 IFF 系统和综合 IFF 系统等。其中，一般二次雷达 IFF 系统，询问和回答信号仅采用极为有限的固定模式脉位编码，密码有效期长，应答器是全向性广播式工作，敌方很易侦破其密码并进行欺骗性干扰、阻塞己方应答机或使其成为反辐射导弹的信标机。此外，系统采用"全呼叫"方式工作，系统内部存在的诸如"窜扰""混扰""旁瓣干扰"等自身干扰，随着询问器和应答器数量增加而更加严重。据统计，一对一识别，其识别概率为 98%；一对五识别，识别概率为 72%；一对二十识别，识别概率为 1%。

选址询问信标系统。对每个飞机编上不同的地址码，询问器每次扫描只对一个特定目标询问一次，应答器只对自己规定的询问信号进行回答，保留"全呼叫"询问能力监视那些没有选址的飞机。选址询问信标系统虽然从根本上消除了"全呼叫"二次雷达 IFF 系统存在的"窜扰""混扰"问题，但在战争条件下，存在诸多弱点，如询问器无法预先知道目标的地址，询问速率又受到询问周期限制，识别容量有限，密码有效期太长等。

JTIDS 通信、导航、识别综合系统。美国的 JTIDS 实际上是一种大容量、保密、抗干扰的时分多址信息分布系统，能够提供实时的位置、识别战斗情况和目标信息，具有集成通信、导航和识别能力。它把时间划分为一个个时隙，按每个成员任务分配一定时隙以发送它的信号，在其他时隙处于接收状态。在一个密码有效期内仅有一个成员发射信息，不存在系统内自扰。但由于其采用时分多址方式工作，系统成员发射时刻是规定的，不能完成网外识别，不能满足实时识别、主动识别和大容量识别等要求。

时间同步 IFF 系统。在该系统中，全部设备在一个时间标准下同步工作，可部分实现距离和方位选择询问，比较有效地减少现存二次雷达识别系统的"窜扰"和"混扰"等自身干扰。空间选址询问工作方式建立在时间同步精度和测距精度极高的基础上，其优点是既能严格实现询问机与应答机之间的一对一关系，又能实现应答机与询问机的一对多关系，即多部询问机对同一应答机做有效询问时，该应答机在接收到第一个有效询问后就不必再接收，只需在规定的伪随机时间回答一个规定的应答密码，各询问机在设置的接收距离波门内都可接收到该有效应答密码。这样既可防止敌方实施欺骗，大量减少系统内部自扰，又可使应答器不受询问器询问次数的限制，提高了识别的可靠性和实时性。但其也有弱点，如当多部询问机同时询问一部应答机时，多个询问信号同时到达应答机容易形成碰撞，给应答机的接收处理带来困难。

综合 IFF 系统。北约研制的新型 IFF 系统是典型的综合 IFF 系统。该系统由直接部分和间接部分组成。直接部分采用协同式询问机和应答机 MarkXV 系统，间接部分通过数据融合对来自诸如雷达、红外敏感器、通信、电子对抗、电子支援测量设备等潜在目标的不同数据信息，进行非协同的、准确率高的目标识别。综合 IFF 系统是目前欧美军现役最先进、最完整的 IFF 系统，也在一定程度上代表了当今识别技术的最高水准。

【点评】敌我识别技术，可以帮助飞行员在高速飞行的情况下对目标的敌我属性进行判别和确认，避免自相残杀，贻误战机，是现代战机的"火眼金睛"。

抗荷技术：飞行员的特制服装

我们从电视上或电影上总是看到这样的情景，飞行员上机前都穿着布满绳子和气管的奇特服装。其实，这种特殊的服装就是抗荷服，飞行员穿上这种服装，可以把身体绷得紧紧的，从而消除机动飞行中所产生的"载荷因数"给身体带来的不适反应。

"载荷因数"是作用于飞机上的升力、阻力、侧力、推力的合力。合力与飞机重力的比值叫过载。过载分为法向、纵向、侧向 3 种。法向过载对飞行员影响最大。平飞中，升力等于飞机的重力，飞行员给座椅的压力就等于自身体重，法向过载为 1g（g 为重力加速度）；由平飞向上做曲线运动时，由于向下惯性离心力的作用，升力大于飞机的重力，飞行员给座椅的压力超过体重，呈"超重"现象，法向过载大于 1g；由平飞向下作曲线运动时，由于向上惯性离心力作用，升力小于飞机重力，飞行员压在座椅上的压力变轻，出现"失重"现象，法向过载小于 1g。

在飞行过程中，过载大或小都会给飞行员带来不适，尤其是向上作加速飞行时，飞行员会产生大脑缺血，从而出现视觉模糊、头晕、"黑视"和"红视"等现象。可见，飞行员生理反应受到过载

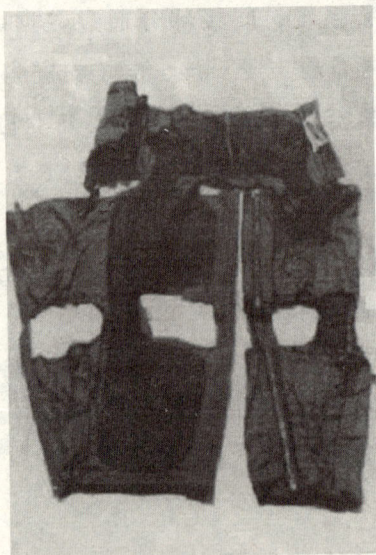

中国 KH-7 抗荷服

的影响。在一般情况下，飞行员承受过载 4g 的时间为 60 秒，6g 为 15 秒，8g 为 4.5 秒。而飞机使用过载的指标：歼击机、强击机最大为 7~9g，轰炸机、运输机为 2.5~3.5g。因此，为确保安全飞行，飞行员必须穿着抗荷服，不然，就有生命危险，更别说打仗了。抗荷服就是这样一种看似简单却至关重要的航空个体保护装备。抗荷服通常穿着在飞行服外面，皮裤或厚棉裤的里面。当飞机产生过载时，机上的抗调器能按正过载大小变化自动向抗荷服充气，对人体腹部和腿部加压。避免血液过快向下肢流动，保障飞行员在各种飞行状态下顺利执行任务。

那么，什么是抗荷服呢？自从中国空军诞生起，中国飞行员也有自己的抗荷服，经过多年的发展，已经发展了 ппK-1、KH-2、KH-3、KH-4、KH-7 几个系列。以最新式 KH-7 为例说明抗荷服的结构形态。布面材料为纱支稍粗的织物，但手感柔软性、透气穿着舒适性都非常好。面料经过防火处理，均为阻燃织物。外形与美军的 CSU-13B/P 抗荷服相似。小腿前部有裤袋，并用铜拉链封口。裤袋之大足以装下一本厚书，因此裤脚处平时看起来较为宽阔。KH-7

采用五囊式设计，分布在腹部、大腿正面、小腿正侧面的 5 个气囊互相连通。在腰部左侧设有气管嘴，与飞机的抗荷调压器相连接。飞机进行机动飞行时，抗荷调压器向抗荷服的气囊内充气，对人体的腹部和腿部加压。腹囊中心设有限止绳，腹囊外表缝有几道尼龙带，囊中心穿有尼龙绳，限制腹囊的膨胀度，这样当气囊充气时也不会过于压迫腹部。各个气囊的面积可以使飞行员大腿和小腿部分的大部分体表都被气囊覆盖，大大增强了抗荷性能，系统的抗荷性能达 2g 以上，性能优越。透明丝绸制的资料袋是直接缝在抗荷服大腿部的衣面上的。调节系统也很优良，调节系统由直径 2 毫米的绿色尼龙绳、尼龙编织带及保护布组成。尼龙绳为调节绳、通过收紧或放松尼龙绳可调节服装与身体的贴合程度，调节绳都横穿过保护布。

【点评】抗荷技术，可以消除机动飞行中所产生的"载荷因数"给飞行员身体带来的不适反应，保障飞行员在各种飞行状态下顺利执行任务。

逃生技术：飞行员缘何炸不死

1989 年在英国的航展上，两架米格－29 战斗机在 200 米左右高度的低空相撞，其中一架被拦腰截断并起火，但飞行员却安然无恙；科索沃战争中，美国被击落的 F-117 隐形轰炸机的飞行员也是毫发无损，人们不禁要问，难道飞行员有金刚不坏之身，还是具有特异功能，为什么炸不死呢？这一切功劳都归功于逃生技术。

在第一次世界大战中德国首次将降落伞用于飞机救生，飞行员爬出（或倒飞蹬出）座舱进行跳伞。当飞机速度大于 400 千米/时，飞行员爬离飞机就非常难，甚至不可能。第二次世界大战末，德国首先研制并装备了以弹射弹为动力的弹道式弹射坐椅，到 20 世

50 年代已在喷气式飞机上普遍使用，可保证飞行员在 750～850 千米/时速度下安全弹射离机。为解决弹道式弹射座椅轨迹低、低空救生性能差的问题，60 年代，英美等国研制成功以火箭为主要动力的火箭弹射座椅，可满足零高度安全救生要求，同时防护装置和生存营救设备也逐步配套。为了解决飞行员在更大速度下弹射时被气流吹袭造成操作的问题，60 年代美苏研制成密闭和半密闭式弹射救生系统，可保证超音速条件下安全弹射，但因该系统结构复杂，体积、重量较大，复杂状态下救生性能和可靠性较差，未普遍装机使用。70～80 年代，各国主要作战飞机上的救生设备多为敞开式火箭弹射救生系统，但由于采用了出舱阶段座椅姿态控制、多态感受人椅运动状态、精确控制工作程序、有效防护高速气流吹袭、能根据速度控制伞衣张满时间的充气调节伞和变透气量的伞衣材料等技术，其总体救生性能有较大提高，一般可满足飞机在零高度、速度在 0～1200 千米/时和复杂状态（如倒飞高度 45 米）下安全救生的要求。

飞机上完整的逃生系统主要包括应急离机装置、防护装具、降落伞系统、生存求救设备等四部分。

应急离机装置。主要包括敞开式弹射座椅、密闭弹射座舱和分离救生舱。敞开式弹射座椅由座椅主体、弹射操纵机构、人体约束机构、弹射动力装置、稳定减速系统和程序控制系统等组成。飞行人员在遇到紧急情况需要跳伞逃生时，必须迅速做出判断，启动弹射拉手柄（或拉环），手柄一般在坐椅扶手处，需要 3 公斤左右的力量握动点火；紧接着人体约束定位，飞行人员的背带被收紧向椅背靠紧；弹射通道清除（即座舱盖爆破抛放，以免影响座椅弹出，有的战斗机弹射座椅采用穿盖弹射）；人和座椅一块被弹出；姿态控制系统开始工作，射伞枪射出稳定减速伞，程序控制系统感受人椅系统的高度、速度、运动加速度等参数，选择和控制救生伞张开时机。

防护装具。主要有保护头盔或密闭头盔、应急供氧装置和加压服等。保护头盔要比摩托车驾驶员戴的复杂得多，它由钢性壳体、缓冲衬垫、滤光镜、通话装置、固定连接件等组成。密闭头盔还有密闭透明板，用以保护飞行人员的头部和面部，防止冲击碰撞、气流吹袭和低压等造成损伤。应急供氧装置由氧气瓶、氧气压力调节器、氧气导管和面罩等组成，用以在高空跳伞或机上供氧设备故障时为飞行人员供氧。加压服主要由衣面、管状张紧气囊、拉紧带、气源导管等组成，用以在高空跳伞或座舱失去密闭时对人体体表加压。

降落伞系统。分个人使用的救生伞和密闭弹射舱、分离救生舱使用的整体回收伞。救生伞主要由伞衣、伞绳、背带系统、开伞设备等组成。弹射离机后，通常当人椅减速到允许开伞的速度范围内或达到预定开伞高度时，人体约束系统释放，射伞枪射出（或稳定减速伞拉出）救生伞，使伞衣充气张开，稳定降落。回收伞主要由伞衣、伞绳、连接机构、开伞设备等组成。密闭弹射舱或分离救生舱弹射离机后当其速度减到允许开伞速度范围内或到达预定开伞的高度时，回收伞张开，稳定降落。

对航展上发生事故后跳伞逃生的飞行员不存在求救的问题，但如果平时飞行训练发生事故后落到荒郊野外或战争中座机被击落跳伞后落到敌方的飞行员就不同了，这时其携带的求救设备就很关键。在波黑战争中，被击落的美国 F-16 战斗机飞行员就是靠这种设备坚持了几天几夜最后获救的。

生存求救设备分生存设备和求救设备两类。生存设备中主要包括急救药品、应急食品、指北针、救生手册和保证飞行人员在海上、沙漠、丛林、寒区等条件下生存的救生物品，如：救生船、救生衣、抗浸服、驱鲨剂、海水淡化剂、饮水、太阳蒸馏器、下树绳、吊床和防蚊、防虫、防蛇药品、防寒睡袋、化学产热袋、防风火柴、引火物等。上述设备通常可以保证飞行员在恶劣的自然地理条件下独立生存 3 天左右。求救设备主要有救生电台、雷达波反向器和信号枪、光烟管、闪光标位器、太阳反光镜、海水染色剂等。救生电台和雷达波反向器的作用距离通常为 30 ~ 150 千米，目视求救设备的显示距离通常为 3 ~ 30 千米。

虽然世界各国都高度重视飞行员的安全保护工作，设计出了各种各样的高性能防护装备，但也并不是说所有的飞行员都能在事故或战争中安然无恙，因为飞行人员在危急时刻安全跳伞逃生，可靠先进的弹射救生设备固然十分重要，但当飞机出现紧急情况无可挽回时，要准确判断并做出动作只有零点几秒的思考和反应时间也是必不可少的，关键还要靠飞行员过硬的心理素质和意志品质。

【点评】未来战争中，空军的地位日益重要，飞行员的生命安全问题日益凸显，优异的逃生技术可以在飞机失事、被摧毁等各种危难情况下挽救飞行员的性命，一直以来都是世界各国关注的重点。

轨道轰炸技术：真正能够全球到达的"轰炸机"

信息化条件下，军事斗争空间向太空空间拓展，是军事斗争的一次质的飞跃。在浩瀚的太空空间内，既没有诸如领土、领海、领空等政治因素的限制，也没有诸如高山、大海、气候等地球因素的阻碍，轨道武器装备在轨道机动能力允许的范围内，可进行真正全方位的机动作战，对敌方位于任何区域（包括太空、空中、海上和陆地）的任何目标实施实时监测和精确攻击。为获得长期的军事优势，美俄都在积极推进太空军事化，其中轨道轰炸器就是其发展的主要方向。

其实，在 20 世纪 60 年代时，苏联就已经开始着手研制这种轨道轰炸系统。苏联军事专家设想把装有核弹头的卫星部署在轨道上，当需要时，令其进入再入地球大气层，摧毁地面目标。这种轨道轰炸器是天基航天器的一种。在未来战争中，它将秘密部署在轨道上，装扮成卫星，或混在卫星当中，一旦需要，它就像"神兵天降"，给敌方以突然性的沉重打击，具有进攻的隐蔽性和突然性。它属于航天进攻武器，主要有部分轨道轰炸系统、多轨道轰炸系统和轨道轰炸系统。其中部分轨道轰炸器，是苏联试验的一种空间武器，它以"SS-9"导弹为基础，加上一个反推火箭和轰炸系统综合平台组成，平时它在地面待命，使用时发射进入卫星轨道运行。第二级火箭分离后，根据地面命令，反推火箭点火将其送入再入大气层的轨道。由于它在进入再入大气层前绕地球运行不到一周，所以称为部分轨道轰炸器。部分轨道轰炸器是在反弹道导弹系统日臻完善的情况下出现的，由于它采用的是卫星轨道，不同于战略弹道导弹的抛物线弹道，故可避开反弹道导弹系统的侦察和打击。

轨道轰炸器具有以下优点：一是可从同一发射场方向攻击同一目标，使被攻击一方防不胜防；二是平时可发射到空间轨道上与其他卫星一起运行，比较隐蔽和安全，令对方难以区别；三是在空间轨道运行时处于待命状态，随时都可以按指令机动变轨，选择攻击目标比较灵活；四是它在 300 千米高度轨道以 7.7 千米/秒的速度运行，只有在重返大气层时才有可能被发现，而此时离攻击目标仅有 3 分钟左右时间，很难组织有效的拦截，所以增大了攻击的突然性；五是可以攻击洲际弹道导弹射程达不到的地球背面目标，且相对行程比洲际弹道导弹近，若以 300 千米高度的轨道运行，只需 45 分钟即可到达，使对方地面防御系统的预警时间大为缩短。

2001 年 6 月，时任美国国防部长的拉姆斯菲尔德指示国防部研究"对实施快速全球打击有价值的次轨道空间飞行器"，这种目前被称为"空间轰炸攻击机"的飞行器，可以在 30 分钟内摧毁地球另一边的目标，可以在 90 分钟内打击地球上的任何目标并返回美国的基地，同时能够保护美国的卫星而打击敌方的卫星。

【点评】太空没有主权限制，轨道轰炸机之类的天基对地攻击武器系统可以自由地出现在其他国家上空，使防御者防不胜防，一旦此类武器部署在太空空间，必将彻底改变现代战争的面貌。

反卫星技术：卫星折翼

1985 年 9 月，美国进行了首次小型反卫星导弹的实弹空中发射试验，成功地击毁了一颗在距地面 555 公里的近地轨道空间运行的试验卫星；2007 年 1 月 11 日，我军成功用导弹击落一颗 500 英里高的在轨废弃气象卫星。到底是怎么了，高不可及的卫星怎么也折翼了？其背后杀手就是反卫星技术。

核能反卫星技术。是通过核装置在目标卫星附近爆炸产生强烈的热、核辐射和电磁脉冲等效应，毁坏卫星的结构部件与电子设备，从而使其丧失工作能力的空间武器。主要有核电磁脉冲弹、增强 α 射线弹和 γ 射线弹。

反卫星导弹技术。导弹由空中或地面直接发射升空，寻的拦截器与发动机分离后，通过长波红外探测器可探测到几百千米以外卫星发出的红外辐射，经计算处理后，由弹上小型火箭发动机控制其飞行弹道，自动跟踪并导向目标，利用高速动能弹头以每秒十几千米的相对速度直接撞毁目标卫星。其中又有机载反卫星导弹，在美国 1985 年的试验中，F-15 战斗机起飞升空，根据地面监控站传输的目标参数和指令发射导弹，导弹发射后，弹上的惯性制导装置引导导弹到达预定空域，尔后导弹上的 8 个红外探测器搜索目标，它可探测到几百公里之外卫星发出的红外辐射；一旦捕捉到目标，就加以识别、判断、自动跟踪，同时加速飞行；待导弹达到最大速度时，拦截弹与导弹助推器自动分离；拦截弹靠自身的红外制导装置

的引导和小型火箭发动机的推进，继续向目标卫星飞行，达到每秒
3～12公里的速度，然后高速撞向目标，将目标卫星摧毁；陆基反
卫星导弹，美国的陆基反卫星导弹由导弹分系统和武器控制分系统
组成，导弹由助推器、杀伤飞行器、外罩和运载系统等组成。

高功率微波武器

定向能反卫星技术。这项技术能在很小立体角内定向传输能
量，在瞬间打中远至几千千米外快速移动的目标，将其摧毁或予以
识别，并可迅速再次瞄准，具有可重复使用、速度快、攻击空域广
等优点。具有代表性的有：激光反卫星武器、粒子束反卫星武器、
高功率微波反卫星武器等。

激光反卫星武器。利用沿一定方向发射的激光束来直接毁伤目
标卫星或使之失效，具备远程、方向性好、能量集中、光速攻击目
标、机动灵活、反应时间短、命中精度高、抗电子干扰能力强等特
点。整体系统一般由高能激光器、精密瞄准跟踪系统和光束控制与
发射系统组成。杀伤破坏效应主要有烧蚀（热蚀）、激波（冲击）
和辐射等。目前美国空军重点发展的反卫星激光武器主要是天基激
光武器（SBL）、机载激光器（ABL）和空天中继镜系统（ARMS）。

粒子束反卫星武器。是利用粒子加速器原理制造出的一种新概
念武器，它以发射高能定向强流亚原子束来击毁目标卫星或使之失

效。它具有能量高度集中、穿透力极强、脉冲发射率高、能快速改变发射方向等特点，是一种杀伤点状目标的最佳武器。粒子束可分为中性粒子束和带电粒子束，相比带电粒子束，在太空中用中性粒子束比较理想。它能穿透助推器壳体，立即造成破坏，适于作天基武器，快速对付各种目标。所以反卫星用的粒子束武器一般是中性粒子束武器。它速度快、命中率高、受气象条件影响极小，是真正的全天候武器。

高功率微波武器。这种武器可以利用定向辐射的高功率微波波束干扰或毁坏目标卫星的电子系统，主要攻击对象是对方的通信卫星和电子侦察卫星。它作用时间短，作用距离较之激光束武器和粒子束更远，受天气影响较小。被称为定向能武库中的"超级明星"。当使用陆基或天基高功率微波武器攻击敌卫星时，微波能量可以通过卫星的前门耦合（即天线）穿透到目标卫星的内部。较长波长的微波还能通过卫星的后门耦合（卫星结构的开口和裂缝）穿透到卫星的内部。微波被卫星上的电子元件所吸收，产生极大损坏并扰乱其工作。同时，高功率微波产生的高温、电离、辐射和声波能对卫星造成全面的破坏。

共轨反卫星技术。是指利用助推火箭将武器发射到与目标卫星相同的轨道上，然后以较低速度接近目标，并通过引爆或其他方式摧毁或破坏目标卫星的反卫星武器。具有代表性的主要是反卫星天雷、灵巧伴星卫星及反卫星卫星等。

反卫星天雷。是由卫星等航天器发射，秘密埋设在目标卫星同一运行轨道上，可机动变轨，并携带具有杀伤能力的爆炸装置，通过自身的无线电遥控装置控制雷体，快速接近目标卫星，实时启动爆炸装置将其击毁，或实时释放金属颗粒、碎片和气溶胶等干扰物，使目标卫星上的光电器件工作失常，导致其星体飞离运行轨道而坠毁。

灵巧伴星卫星。是一种体积极小、能寄附在敌方卫星上的微型

灵巧伴星卫星

卫星，能在战时根据己方相应的指令对敌方卫星进行干扰或摧毁。这一反卫星武器系统由寄生星、母星及运载器、地面测控指挥系统三大部分组成。寄生星平时寄附在敌方卫星上，战时才启动发挥作用，由于大量采用微电子和微机电技术，寄生星的重量只有几千克至十几千克之间，小的可以只有几百克。

反卫星卫星。又称截击卫星或杀伤卫星，是用来干扰、破坏或摧毁卫星和卫星星座的空间武器。它由大型火箭送入预定轨道，绕地球飞行 1~2 圈后，转到与目标卫星几乎相同的轨道上，然后根据地面指令自动接近与识别敌方卫星或其他航天器。反卫星卫星上带有轨道发动机、雷达或红外制导装置和杀伤战斗部，用于在轨干扰和破坏敌方的空间系统。它的装载武器可以是非破坏性装置，如电子对抗装置，也可以是常规高能炸药破片杀伤战斗部或者无控火箭束等摧毁敌方目标的武器。2005 年 4 月 15 日，美国航空航天局（NASA）发射一颗名为"自主交会技术验证"（DART）的卫星，实现自动逼近和机动飞行等技术。该卫星利用星载先进视频制导传感器和全球定位系统，从约 800 千米以外向国防部已经退役的"多波束超视距通信卫星"逼近。按照预定计划，试验过程要持续 24 小时，DART 卫星与目标卫星之间的最近距离应为 4.6 米，但试验中 DART 卫星仅工作了 11 小时，在进入距卫星约 91 米后，两颗卫星发生了碰撞，碰撞改变了目标卫星的轨道。虽然 DART 卫星未能实现具有挑战性的近距离逼近目标的机动飞行操作，但其军事意义却是巨大的。

软杀伤反卫星技术。是通过电子干扰、无源干扰物或低功率束能武器等对卫星进行的可逆的非物理摧毁性质的反卫星手段，如干扰和致盲侦察卫星（包括成像侦察卫星、电子侦察卫星和海洋监视卫星）、通信卫星和导航卫星等。

电子干扰反卫星武器。其平台可以是地基、空基或者天基。由于所有的卫星都与地面接收站、接收机或空间的其他卫星之间存在信息交换，有信息交换就有通信链路，电子干扰武器通过发送功率、频率、调制方式匹配的电磁信号，可以有效干扰卫星的通信链路，使卫星的信息获取能力得到暂时有效抑制，达到反卫星的目的。这种武器由调谐无线发射机组成，用以覆盖目标的频率范围，并对准目标接收机，用足够大的功率对抗目标接收机的预定信号。

无源干扰物反卫星。是一种在敌方卫星的轨道上或卫星的监视视场内释放金属碎片与颗粒、气溶胶、特种材料等干扰物，使敌方卫星的电池板、光学器件或者天线等暂时失去效能或者功能退化的反卫星手段。用无源干扰物干扰卫星，其困难不在于无源干扰物本身，而在于如何将这些无源干扰物喷射在卫星上，如何控制这些干扰物的喷射时机、喷射方向、喷射散播面积等。目前，随着卫星发射技术、姿态控制技术、变轨技术的不断发展与成熟，采用无源干扰物的卫星对抗方式不仅可行，而且比较容易实现。

【点评】反卫星技术，直接威胁在天际运行的卫星的安全，深深牵动着卫星大国的敏感神经，围绕着卫星展开的太空攻防将促使真正意义上的"天战"来临。

导航技术：茫茫空间不再迷路

在古代，人们在茫茫大海上或一望无垠的沙漠上用罗盘和指南针确定方位，军事上迷失方向的故事不胜其数。新的历史条件下，人们的活动空间尤其是军事活动空间进一步拓展，不仅有茫茫大海，还有深奥的太空。但奇怪的是，军事环境变得复杂了，战争中迷路的现象反而比过去更少了，为什么呢，这就要细细探究一下现代导航技术了。

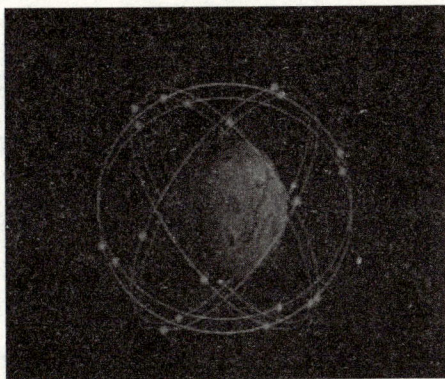

GPS 卫星空间分布图

现代的导航技术均是天基的，美国于 1960 年 4 月发射了第一颗导航卫星——"子午仪"，1964 年 7 月组成导航卫星网正式投入使用。为发展三维、全球、实时和高精度的导航卫星系统，20世纪 70 年代初美国开始研制第二代导航卫星——"导航星"，组网成为全球定位系统，即大家现在所熟悉的 GPS。与此同时，苏联/俄罗斯也在发展其导航卫星系统，先后发展了"蝉"和"全球导航定位系统"（CLONASS）。这些系统的管理权均掌握在各国的军队手中。此外，欧洲也在谋求建立自己的导航卫星系统——"伽利略"。

导航卫星按导航方法分为多普勒测速和时间测距两类。前者以美国发射的"子午仪"系列为代表，后者以美国发射的"导航星"全球定位系统（GPS）为代表。卫星导航系统由多颗导航卫星构成的导航星座、卫星跟踪站、数据注入站、时统中心、计算中心和控制中心以及用户接收设备等组成。导航卫星在空间做有规律的运动，它的轨道位置每时每刻都可以精确预报。用户接收卫星发来的无线电导航信号，通过测量信号到达的时间或信号的多普勒频移，分别获得用户相对于卫星的距离或距离变化率等导航数据，并根据卫星发送信号的时间、轨道参数求出定位瞬间卫星的实时位置坐标，从而定出用户的地理位置坐标（地理经纬度）和速度矢量分量。

GPS 的空间部分由 24 颗卫星组成一个卫星星座，其中 21 颗为工作卫星，3 颗为备用卫星。每颗卫星重 845 千克。卫星高度为 20180 千米，均匀地分布在围绕地球的 6 个轨道平面上运行，轨道平面向赤道平面倾斜55°，卫星绕地球运行一周的时间是 11 小时 56 分，这样就可以保证在世界任何地方，都至少同时可以看到 4～6 颗卫星，保证其三维导航能力和全球立体覆盖。卫星上装着 7 万年误差不超过 1 秒的原子钟，并以两个不同频率的电磁波连续不断地发射卫星的时间和位置信号。

GPS 的地面监控部分由 1 个主控站、3 个上行数据发送站和 5 个监控站组成，它们分布在美国全境内。每个监控站用 GPS 接收机被动跟踪视场内的所有卫星，收集数据并将其发送到设在科罗拉多州的主控站，计算相应的卫星轨道、卫星星历、时钟漂移和卫星传输延迟等。然后由主控站通过 3 个上行数据发送站的地面天线，每隔 12 小时将每颗卫星的导航电文发射到卫星，更新卫星上的导航数据。GPS 的用户终端设备由天线、接收器、数据处理器和显示装置组成，我们通常所能见到的 GPS 接收机大体都是如此。用户设备依靠比噪声信号还低的信号来进行导航，它能完成卫星信号捕获、信号处理、导航处理、坐标转换、将导航定位信息显示在接收机屏幕上等功能，导航定位可在数十秒至几分钟内完成。

GPS 可为地面车辆、人员及航空、航海、航天等领域的飞机、舰船、潜艇、卫星、航天飞机等进行导航和定位；可用于洲际导弹的中段制导，作为惯性制导系统的补充，提高导弹的精度；还可用于照相制图和大地测量、空中交会和加油、空投和空运、航空交通控制和指挥、火炮的定位和发射、外弹道测量、反潜战、布雷、扫雷、船只位置保持、搜索和营救工作等。海湾战争中，美军就是利用 GPS 为海、空军导航，使地面部队在沙漠地区行军作战不致迷失方向。

目前，由于 GPS 发送两种频率信号，因此，它可提供两种精度的定位和时间导航信息。一种为军用，三维空间定位精度可达 15 米，测速精度 0.1 米/秒，时间同步精度为 20～30 纳秒。另一种为民用，水平定位精度约 100 米，垂直精度为 156 米，测速精度 0.3 米/秒，时间同步精度 500 纳秒。随着科学技术的发展，现已出现了差分 GPS 技术，使一次定位精度已达 1 米，多次定位精度可达分米甚至厘米的数量级。在近期发生的几场局部战争中，GPS 系统为军事行动提供了重要的支持，而美国对外提供服务的就是民用的信号。同时，美国为防止其他国家将 GPS 技术应用于军事，还在民用码上加了一种"选择可用性（SA）干扰"，通过在卫星的导航电文中加入误差信息，使粗码的定位精度下降到 100 米左右。目前，商品化的 GPS 接收机全部使用这种粗码，并且根本接收不到精码信号。此外，美国还对精码进行了加密处理，以防止军用的高精度数据被"盗取"和干扰。美军的如意算盘是借这种方法获取导航上的军事优势。另外的一个"绝招"，那就是由于美国每天负责向空间的 24 颗 GPS 的导航卫星发送星历和卫星时钟的修正值，所以，一旦有战争需要，只要实时地在送入卫星的调控数据里稍微做点手脚，定位点就会发生偏差，对方来袭的靠 GPS 制导的导弹只能是"丈二和尚，摸不着头脑"，偏离目标再远，也会显示准确击中。

随着中国航天技术的不断进步，我军也已经初步具备了空间信息支援能力，如在导航定位、空间通信等方面都取得了一定成就，继 2000 年初发射"烽火一号"军用通信卫星后，又在不太长的时间内相继发射了"尖兵三号"和"北斗一号"军用卫星，可覆盖中国领土、领海及关岛附近海域，基本解决了总部、各军兵种、各战区指挥部门与各种移动平台之间的移动通信问题，解决了大地域（卫星覆盖）范围内运动通信和诸军兵种协同通信问题，能够有效保障战役、战术指挥、情报传递的中远程移动通信。从 2007 年 4 月 14 日，中国成功发射了第一颗北斗导航卫星开始，至 2010 年 6 月 2 日，我国又连续发射了 3 颗北斗导航卫星，标志着北斗系统由一代开始向二代过渡，并计划于 2020 年建成由 35 颗左右卫星组成的"北斗导航定位卫星系统"，实现全球定位。届时，我军导航定位能力将大大提高，再也不会受美国的制约了。

【点评】导航技术，可以使军队在荒芜的沙漠、茫茫的大海、深邃的太空中精确定位，永不迷航，世界大国都在争相开发自己的导航技术，且随之而来的"导航战"正日益成为现代战争中的重要作战样式。

空间站技术：太空军事"基地"

空间站是长期在太空运行并具备一定试验或生产条件的、可供宇航员生活和工作的航天器，又称太空站、航天站或轨道站。空间站在轨道运行期间，用运输器接送宇航员、运送物资和设备。苏联（俄罗斯）的空间站一直使用飞船为运输器，美国和西欧则用航天飞机接送宇航员和货物。空间站一旦应用于军事，人类部署在太空的军事基地便产生了。

空间站通常由对接舱、气闸舱、轨道舱、生活舱、服务舱、专用设备舱和太阳能装置等部分组成，有的还具有桁架结构。对接舱一般有多个对接口，其中一部分对接口用于停靠接送宇航员和运送物资的航天器，另一部分对接口则用于组合扩大空间站。气闸舱是宇航员在轨道上出入空间站的通道。轨道舱是宇航员在轨道上的主要工作场所。生活舱是宇航员进餐、睡眠和休息的地方，一般设有卧室、餐厅、体育锻炼区和卫生间等。服务舱内通常装有推进剂、水、气源和电源等设备，为整个空间站服务。专用设备舱是根据飞行任务而设置的安装生产和试验专用仪器的舱段，它也可以是不密封的构架，用以安装暴露于太空的探测雷达、天文望远镜和试验装置等仪器设备。太阳能发电装置设在空间站舱体的外侧或桁架上，为空间站上各种仪器设备提供电源。

国际空间站

美国和苏联都十分重视空间站的军事应用。早在 20 世纪 60 年代初，美空军就搞了一个载人轨道实验室计划。所谓载人轨道实验室其实就是一个军用超小型空间站。该计划投资 15 亿美元，但由于各种原因于 1969 年被撤销。从 60 年代中期，苏联开始研制"礼炮"号系列空间站。1971 年 4 月发射"礼炮"1 号空间站，随后又陆续发射了 6 艘。这些"礼炮"号空间站可以分为两个系列：一个是民用系列，如"礼炮"1、4、6 和 7 号空间站；另一个是军用系列，如"礼炮"2、3和5号空间站。虽然两个系列空间站在基本结构上相似，但内部设施和完成任务方面则有明显区别。苏联和美国航天员的军事研究和试验不仅在军用空间站上进行，而且在民用空间站上也大量进行。苏联在"礼炮"1号飞行期间进行过导弹观察试验；在"礼炮"7号飞行时，对载人空间站的军事应用价值进行过系统的研究，特别是评估了用空间站来支援陆、海、空军事行动的可能性。"礼炮"7号空间站上的军事试验有五大类：（1）观察苏军在军事演习中为隐蔽行动而施放的烟雾，并对其隐蔽效果进行评估；（2）观察苏军的反弹道导弹试验的全过程，从发射反弹道导弹到拦截敌人送入再入大气层的导弹弹头；（3）观察苏海军演习，用以研究航天员进行指挥控制的可能性；（4）用特制的传感器观察苏军地基激光武器的试验情况；（5）用安装在空间站上的天基激光武器进行空间目标搜索和跟踪试验。同时，苏联还一度发展过用于太空作战的真正意义上的军事基地——"钻石"空间站，苏共中央委员会要求将"钻石"空间站建成"太空堡垒"，除了进行军事侦察之外，还要完成太空作战任务。为此，在"钻石"空间站上装备有1台23毫米高速航空机关炮，能够对敌人的卫星、飞船和拦截器进行打击。

但是有意思的是，美苏经过多年的太空较劲，目前都放弃了建立太空军事基地的计划。为什么呢？细说起来，可能主要有以下几个方面的原因：（1）随着反卫星武器的发展，空间站易被发现、跟踪和击毁，小型空间站重18～20吨、中型空间站100吨左右、大型空间站在400～500吨以上，都是空间的庞然大物。在未来的太空战争中，这些庞然大物目标很大，容易被击毁。据估计，小型空间站的易损性比卫星大10倍，大型空间站的易损性比卫星大百倍。可能出于这一考虑，美苏都放弃了这一计划，现在的空间站都是用来民用试验的了。（2）可能是建造和维持费用昂贵的原因使然，空间站的建造费用昂贵。例如美国国际空间站的建造费用，在 1988 年计划为 215 亿美元，1989 年变为 247 亿美元，1990 年上升到 383 亿美元。根据美国国会总会计室的估算，到 2027 年国际空间站的总费用将高达 940 亿美元。如此高昂的建造和维持费用将给国家带来沉重的经济负担，就连美国这样的超级大国也不得不搞国际合作，与欧洲空间局、日本、加拿大和俄罗斯共同承担费用。同时，由于国际上对禁止太空军事化的要求越来越强烈，应对非传统挑战的紧迫性日益增长，除非空间站在未来战争中确实能起到非常重要而关键的作用，否则难以得到国会、政府和军队的认同。（3）目前为止，有关空间站的军事应用都是试验性的，而不是经过实战考验的。例如，空间站在完成军事侦察任务时必须在低轨道上运行，很容易被对方击毁。在实际的军事应用场合，无法保证自身的生存，如何能完成作战任务？而且空间站极为昂贵，小型空间站的建造费用是军用卫星的几百倍。凡是长脑子的人，都不会在未来战争中用这样昂贵的庞然大物来完成普通军用卫星即可完成的任务。正是由于空间站有着这些弱点，其军事应用才日益不为各国军方所重视。

【点评】空间站是人类在茫茫太空中的驻泊场所，具有相当广泛的军事用途，如进行侦察和武器试验等，随着相关技术的解决，空间站将变成人类部署在太空的军事基地。

气象卫星技术：为"天神"脾性把脉

看过三国的人都知道，大战前，诸葛亮总是掐指算卜，有人认为他是为"天神"把脉，查看气象情况。其实他这一举动，并不是迷信，而是计算阴阳、寒暑、时制，来为军事行动作铺垫，"巧借东风""草船借箭"便是诸葛亮掐指算卜的神来之笔。在现代战争中，气象仍是影响战争胜负的重要因素，希特勒兵败莫斯科就是由于没有估计到严寒的厉害，而没有做好充分的准备。但是现代战争中再也没有像诸葛亮那样神通广大的人物了，怎么来卜算天象呢？人们逐渐发展了利用地面气象站、气球、飞机、探空火箭和气象雷达等进行观测气象的方法，但这也只能得到局部地区的气象资料，而地球上有将近80%区域的气象情况是无法用常规方法观测的。怎么办呢？这就要靠气象卫星了。

气象卫星是从空间获取军事气象情况的重要手段，对全球天气监视和天气预报业务均有十分重要的作用。气象卫星主要有两种类型：极地轨道上的近地气象卫星和太阳同步轨道上的静止气象卫星。这两类卫星大都是军用与民用相结合，但也有专门的军用气象卫星系统。近地气象卫星离地面的高度一般在800千米左右。气象卫星上装有电视摄像机，它能够拍摄全球的云图。以前，我们只能从下往上拍摄云图，由于上层云被下层云遮住，所以往往拍摄不到上层云图。有了气象卫星，就可以解决这一困难。气象卫星上装有扫描辐射计。扫描辐射计的探头能敏感地探到一定波段的电磁辐射。当它对云层和大气扫描时，就能记下云层和大气在各个波段如可见光、红外、微波的辐射强度，转变成电信号以后，通过无线电波发送给地面。地面站接收以后，经过计算机处理，就可以得到云的形状、云顶高度、大气温度和湿度，海面温度和冰雹覆盖面积等信息。

气象卫星通常由气象观测专用系统和保障系统两部分组成。气象观测专用系统中的主要设备是气象遥感仪器。常用的气象遥感仪器有三种：一是多通道高分辨率扫描辐射计。它可以获得可见光与红外云图。太阳同步轨道气象卫星的可见光与红外云图的星下点分辨率都在1000米左右；地球静止轨道气象卫星的可见光云图的星下点分辨率为0.9~2.5千米，红外云图的星下点分辨率为5~12千米。二是高分辨率红外分光计，它可以获得大气垂直温度分布和水汽分布。三是微波辐射计，它配合高分辨率红外分光计工作，可以获得云层以下的大气温度垂直分布和云中的含水量。气象观测专用系统还包括星载磁带机和数据传输设备。军用气象卫星可以将全球范围内有关地区的气象资料记录在星载磁带机上，在卫星经过预定的地面接收台站时，将星载磁带机记录的气象资料高速发回地面。气象观测专用系统还包括数据收集系统，可以收集地面气象站、海洋自动浮标和设置在无人值守地区的自动气象站所获得的温度、压力、湿度等环境资料。保障系统包括结构、电源、热控制、姿态和轨道控制以及无线电测控等设备。

自 1960 年美发射"泰罗斯 1 号"第一颗气象卫星以来，世界上发射了许多类型的气象卫星。至今，美国和苏联已经发射了100 多颗气象卫星。我国从 1988 年 9 月起至今发射了"风云一号""风云二号""风云三号""风云四号"气象卫星，"风云一号"为太阳同步轨道试验气象卫星，轨道高度 900 千米，卫星上装有可见光和红外辐射计，工作在 5 个波段，可以日夜观测云层、陆地和海面温度等；"风云二号"卫星，为静止气象卫星，装有可见光、红外和水汽三通道扫描辐射计，是一种精密的光机扫描成像系统，具有大光学口径、高分辨率、高精度和高可靠性等特点，涉及光、机、电、热以及红外探测、辐射制冷和薄膜光学等多项技术，可连续对我国及其周边地区的天气变化进行实时监测，能较大地提高对影响我国各种尺度天气系统的监测能力，获得的云图资料可填补我国西部和西亚、印度洋上的大范围气象资料的空白，对国际气象合作，特别是对亚太地区灾害性天气监测作出的贡献。

"风云三号"卫星是我国第二代极轨气象卫星。20 世纪 90 年代初期，国家气象局便开始研究与该卫星建造有关的工作。该项目1993 年 3 月列入国家航天计划；1994 年 7 月评审并确认了使用要求和上星探测仪器，开始进行总体方案可行性研究；1996 年 8 月通过总体方案可行性研究报告，确认关键技术；1998 年 10 月基本完成卫星关键技术预研攻关，确认具备条件进入工程研制；2000 年 9 月经国务院批准正式立项研制。"风云三号"卫星能提供全球温、湿、压、云和辐射等参数，实现中期数值预报；监测大范围自然灾害和生态环境；探测地球物理参数，支持全球气候变化与环境变化规律研究；为航空、航海和军事等提供全球任意区域的气象信息。"风云三号"是我国气象卫星工程建设中一种重要的业务应用卫星，将实现全球、全天候、多光谱和三维定量遥感。它的建造具有重要的战略意义，可缩短与国外的差距，能较好地满足我国经济建设和国防建设的需要。

"风云四号"是中国气象局和总参气象局设计的军民用户共用的新一代静止气象卫星，按照"军民综合应用"的原则进行设计，充分考虑了海洋和农、林、水利以及环境、空间科学等领域的需求。1999 年 11 月，国家卫星气象中心召开了第二次"风云四号"使用要求专家研讨会，提出了"风云四号"的初步使用要求。它采用三轴稳定姿控方案，主要探测仪器为 10 通道二维扫描成像仪、干涉型大气垂直探测器、闪电成像仪、CCD 相机和地球辐射收支仪，地球圆盘图成像时间为 15 分钟。

气象卫星通常是军民共用的，为了适应军事活动的特殊需要，及时获得全球范围的战略地区和任何战场上空的气象资料，也有专门的军用气象卫星。美国国防部于 20 世纪 60 年代开始研制专门的军用气象卫星，这些卫星都是极地轨道气象卫星，经过多次更新换代，已由 BLOCK4A、4B、5A、5B、5C 发展为 BLOCK5D-1 和 5D-2 等，其中 BLOCK5D-2 是最先进的一种。BLOCK5D-2 卫星是改进型，它具有使用寿命长、灵活性大等特点。星上除装有业务行扫描系统（OLB）、微波温度探测器（MTS）、微波成像仪、大气密度探测器、多光谱红外探测器外，还配有冗余传感器、新式传感器和增大的传感器区域。90 年代，美国还发射了新一代军用气象卫星，它装有新的微波遥感器，可提高气象预报的准确性。同时还将进行一

些改进，使其具有更强的抗激光、抗电磁脉冲和抗有源干扰的
能力。

> 【点评】气象卫星作为一个高悬在太空的自动化高级气象
> 站，它所提供的气象信息不仅为军事行动提供保障，而且已广
> 泛应用于日常气象业务、环境监测、防灾减灾、大气科学、海
> 洋学和水文学的研究。

航天测绘技术：传统军事地形测绘的颠覆

2000 年 2 月 11 日，美国"奋进"号航天飞机在佛罗里达州卡
那维拉尔角航天发射中心发射升空，执行耗资 3.64 亿美元，被称
为"航天飞机雷达地形测绘使命"（Shuttle Radar To Pography Mis-
sion，SRTM）的空间飞行任务。此次航天测绘的覆盖面之广、采集
数据量之大、精度之高在测绘史上是前所未有的，10 天采集的原始
数据仅全部处理就约需 2 年的时间。数据经处理后最终获得的全球

航天测绘示意图

数字高程模型（DEM），比美军以前的全球 DEM 的精度提高约 30 倍。人们不禁要问，航天飞机是怎么执行测绘任务的呢？

首先，我们来认识一下这次测绘所采取的核心技术，航天测绘任务采用的是合成孔径雷达干涉测量技术（Synthetic Aperture Radar Interferometry，IFSAR）。合成孔径雷达属于一种主动式对地成像系统，具有全天候、全天时工作能力，拥有传统光学成像系统所无法比拟的优点。20 世纪 60 年代，科学家发现，利用相邻雷达对同一地区图像数据的相位差，经雷达干涉测量处理，可以直接、快速地提取地形高程数据。

雷达干涉测量的基本原理是，相邻两副雷达天线分别接收到的同一地面点雷达回波信号间会有一个相位差，而利用此相位差就可以计算出地形高程。在 SRTM 计划实施之前，主要通过雷达卫星（如欧洲的 ERS-1/2）在同一轨道重复飞行，来获得某地区的雷达干涉数据。但采用此种方法存在 2 个主要问题：一是雷达干涉测量对基线（即两副相干雷达天线的间距）的要求非常高，既不能太长也不能太短（最好是 300～400 米），而且要精确确定其长度；二是由于相邻轨道的数据不是同一时间获取的，致使相干性较低，有时无法进行干涉测量。而 SRTM 是在航天飞机的雷达系统上增加了一个长 60 米的可伸缩天线杆，并在天线杆的两端分别设置天线，来同时接收同一地区的雷达回波信号。这样就形成了一个 60 米基线的干涉测量系统，首次实现了单次通过干涉测量，即航天飞机一次通过某地区上空，就能获取该地区的高精度地形数据。用两个雷达天线来测绘地形，就像人用两只眼睛看东西一样，可看到有立体感的图像。

SRTM 的硬件主要包括 3 部分，分别是主雷达天线、舱外雷达天线及可伸缩天线杆。主雷达天线由两条天线和一台计算天线位置数据的姿态与轨道测定仪（AODA）组成。每条天线由能发射和接收雷达信号的特殊面板制作。第一条称作 C 波段天线，可接收和发射波长为 5.6 厘米的雷达信号。第二条称作 X 波段天线，可接收和发射波长为 3 厘米的雷达信号。AODA 的主要功能是测量天线杆长度、飞行姿态与轨道。AODA 由电子测距仪、觇标跟踪仪、惯性导航仪、恒星跟踪仪及 GPS 接收机 5 部分组成。电子测距仪利用舱外天线上的角反射器测量天线杆长度，精度达到 3 毫米；觇标跟踪仪利用舱外天线上的 3 根发光二极管觇标，测量舱外天线相对于主雷达天线的位置；恒星跟踪仪由高性能的相机、计算机和恒星数据库组成，确定 SRTM 相对于恒星的姿态及舱外雷达天线的相对运动；惯性导航仪可非常精确地测量姿态变化，所得数据与恒星跟踪仪得到的数据相结合，可得到 SRTM 相对于恒星的绝对方位，惯导数据可用于推求随时间变化的姿态；两台 GPS 接收机与舱外的 GPS 天线相连，主要用于测定飞行器轨道。AODA 的测量精度分别是：基线 3 毫米、姿态 9 弧秒、位置 1 米。舱外天线安装在天线杆的另一端，它由 C 波段和 X 波段 2 条雷达天线、2 条 GPS 天线、3 根发光二极管（LED）觇标及角反射器组成。2 条雷达天线仅接收雷达信号，雷达信号的发射由主天线来完成。SRTM 的可伸缩天线杆是一种可展开的铰接式天线杆（ADAM），直径 1.12 米、重量 290 千克、展开后长 60 米，由 87 个立方体框式部件组成。天线杆在不进行测量时装在金属罐内，测量时可由马达驱动展开，也可由宇航员人工驱动展开。

　　航天测绘数据在军事上有着极其广泛的用途，（1）SRTM 数据是 C⁴ISR 的基础信息平台，在研究战场地域结构、作战方向、战场预设、作战部署、兵力集结与投送、防护条件、后勤保障等方面是必不可少的。利用可视化技术，可用它直接在屏幕上显示战场的通视、通行情况，自动选择空降或机降地域，为作战指挥人员提供辅助决策。（2）SRTM 数据是精密导航和武器系统的基础保障，可提供高精度的地图。（3）SRTM 可为高精度武器提供高精度数字地图和图像服务，美国的联合直接攻击弹药（JDAM）、联合防区外武器

（JSOW）、联合空对地远程导弹（JASSM）以及"战斧"式巡航导弹等先进制导武器，都装有高精度数字高程数据和目标图像。数字高程数据主要用于导弹飞行中的地形匹配制导，数字图像则用于导弹的末制导，在导弹到达目标区后，存储在导弹里的目标图像与实地目标图像相对照，在确定无误后，再确定攻击。

同时，美国国家测绘局称，这些数据在非军事领域也有许多用途：可以用来观测地震断层，对潜在的熔岩流、山崩和水灾进行模拟，规划桥梁、大坝和管道的建设，改进航线规划、导航以及移动电话通信塔的布局，甚至还可以帮助那些徒步背包旅行者防止迷途。美国此次利用航天飞机干涉雷达系统，仅用不到 10 天的时间就成功地获取了全球 80% 陆地区域的高分辨率地形数据，而利用常规技术得到相应的数据，则需数十年的时间。

【点评】航天测绘采集数据量之大、精度之高，从根本上撼动了传统的测绘手段。当前，美国正依靠其先进的航天测绘技术对世界其他国家发动大规模地理信息侵略，大力推动数字地球和数字化战场的建设，实现战场"单向透明"，保障美军在全球任何地方得心应手地打赢战争。

导弹突防技术：导弹防御系统的崩溃

2000 年以来，美国到处推行其 NMD、TMD 导弹防御计划，防止所谓的无赖国家的导弹攻击，并一度要把导弹防御系统建立在俄罗斯的家门口，并妄图把我国台湾也纳入进去。据此，有人称，弹道导弹是不是就英雄无用武之地了呢？俗话说，道高一尺，魔高一丈，导弹防御系统也不是万能的，随着导弹突防技术的发展，导弹防御系统崩溃将不可避免。

要了解导弹空防技术，有必要先认识一下 NMD 系统的相关原

导弹拦截示意图

理，NMD系统的目的是要保护美国本土，由五大部分组成，即预警卫星、改进的预警雷达、地基雷达、拦截系统和作战管理指挥控制通信系统。预警卫星用于探测敌方导弹的发射，提供预警和敌方弹道导弹发射点和落点的信息。这些卫星都属于天基红外系统，也就是说靠敌方发射导弹时喷射的烟火的红外辐射信号来探测导弹。改进的预警雷达是NMD系统的"眼睛"，能预警到4000～4800 km远的目标。美国除要改进现有部署在阿拉斯加的地地导弹预警雷达以及部署在加州与马萨诸塞州的铺路爪雷达外，还要在亚洲地区新建 个早期预警雷达。地基雷达是一种X波段、宽频带、大孔径相控阵雷达，将地基拦截弹导引到作战空域。拦截系统目前主要采用地基动能拦截弹（CBI），作战管理指挥控制通信系统利用计算机和通信网络把上述系统联系起来。

当前，在美国对其他国家形成重大战略威慑的同时，NMD系统也受到了国际社会的重点关注，各国都在寻找它的薄弱环节，尤其是俄罗斯。根据目前研究，弹道导弹的突防技术主要有以下几个。

多弹头突防技术。多弹头是指在一个母弹体内装有若干子弹头。多弹头又分为集束式弹头和分导式弹头两种。但是，为提高导弹突防效能，各弹头抛出来以后必须相隔足够大的距离。这样可以扰乱 NMD 系统地基预警雷达发射的电磁波，增加天基和地基探测传感器的识别难度，降低整个导弹防御系统的作战效能。

诱饵突防技术。目前，在高空突防上，较为通用的办法就是释放诱饵。在真空中没有空气阻力，不同质量的物体可以沿相同的弹道飞行。由于诱饵比较轻，故可大量使用，目的是让防御探测器不能识别出真弹头，防御系统为了避免让核弹头毫无阻拦地进入，就不得不射击所有可能的目标，这样就会耗费掉大量的防御拦截器。如果突防方配置大量诱饵，防御系统有效性将会大大降低。当较轻的诱饵和弹头进入大气层后，由于空气阻力的关系，诱饵的速度会比弹头的速度慢很多，使得弹头被识别出来。这时，可以将轻的和一些重的诱饵混合起来使用。诱饵可分为真诱饵、能发射信号的诱饵和反仿真的诱饵 3 种类型，实际使用中也可以相互结合使用。

干扰突防技术。NMD 拦截导弹的外大气层杀伤飞行器（EKV）采用红外导引头进行目标识别，因此在突防导弹进入 NMD 防御区上空后，可利用导弹上安装的红外干扰装置和再入诱饵装置释放红外干扰弹。红外干扰弹燃烧可产生与突防弹头一致的红外辐射信号。若 NMD 拦截导弹 EKV 采用毫米波导引头，则可利用有源干扰装置对毫米波导引头进行欺骗性干扰，增加导弹拦截的脱靶量或引偏拦截导弹。据 EKV 承包商雷声公司介绍，目前 EKV 的红外传感器只能在撞击来袭导弹前 100s 左右探测到来袭导弹的红外辐射，而且在识别真假弹头方面有相当难度，这是美国技术专家公认的 NMD 系统的最大技术难题。在突防弹头上安装干扰欺骗装置，释放噪声干扰机，可发射功率强大的干扰信号，其调制的起伏干扰波形可有效抑制 NMD 系统预警探测雷达获取突防导弹的距离参数，增加雷达跟踪目标的角度误差，使探测雷达无法发现其他子弹头，从而干扰 NMD 拦截导弹实施准确攻击。

隐身突防技术。导弹表面可以涂敷特殊吸波复合材料和降温复合涂层，以减少电磁波发射、红外辐射信号特征，降低雷达截面积。如果雷达截面降低 1～2 个数量级，则可使雷达有效探测距离相应降低 40%～70%。这将大大缩小 NMD 防御区的有效半径，提高进攻导弹的生存能力。如果将弹头安装在用液氮冷却的屏蔽罩内或温度较低的弹壳内，并采用纳米复合材料和铁氧体等隐身材料，则能使目标的雷达截面减小 10～20 dB。在弹头设计上，可采用锥形弹头设计降低雷达截面，以避开 NMD 系统远程预警雷达的探测，同时可抗 NMD 拦截导弹的核辐射和电磁辐射。此外，还可以在导弹上安装气动舵，在发动机喷管外安装红外辐射吸收装置，并在计算机中预设导弹机动飞行程序；在发动机推进剂中添加复合剂以降低发动机喷焰的红外信号，改变红外辐射的频谱。这样可以躲避以红外热敏跟踪技术为基础的天基探测传感器的搜索，使红外热敏跟踪制导的 NMD 拦截导弹不能发挥作用，降低导弹预警卫星红外探测传感器的探测和定位精度，甚至避开导弹预警卫星红外探测传感器的监视。

变轨机动突防技术。在弹道上采用机动变轨飞行，通过空气动力学设计，改变导弹的抛物线（惯性）飞行弹道，使导弹具有快速助推、助推段机动和"改变弹道"的能力。导弹在脱离第二级发动机后的"改变弹道"技术，可使弹头沿着新的弹道轨迹飞行。杀伤拦截器从接收到信号到计算好飞行轨迹之后有一个时间差，当弹头改变了弹道，杀伤拦截器可以再机动的时间和距离可能都太短，就会造成拦截失败。弹头还可以进行多次机动，但实际上，一次预定的机动就可能足以突防成功。

加固突防技术。主要是在弹头表面包覆特殊材料，以削弱或减缓拦截弹的核辐射和电磁辐射所产生的破坏效应，从而达到提高导弹突防能力的目的。

在突破导弹防御系统方面，俄罗斯一直走在世界的前列，其 RS-24 新型洲际导弹就是这样一个产物，该导弹，能够多弹头突防，据资料介绍，RS-24 与"白杨-M"的最大区别在于前者能携带多达 10 枚 15 万到 30 万吨当量的可分离式弹头，并且这些新型弹头能按照"之"字形线路追踪目标，能有效避开并洞穿包括美国反导系统在内的所有拦截系统；隐身能力强，据说 RS-24 的 10 枚分弹头可能采用了吸波吸热或反射折射等反雷达、反红外探测方面的新技术，增加了对方反导系统的跟踪、识别难度，有效提高了导弹弹头的突防能力；机动发射，具备"打了就跑"或"选择攻击位置"的本领，可以在任何地方发射，再先进的反导系统在其发射前也难以作出相应的有针对性的部署和准备，另外该导弹的机动发射性能也使其具有二次核打击能力；射程更远，由于该导弹装置了增程推进系统，可使其射程达 12000 公里以上，远优于"白杨-M"的 9000 公里，这就可以使 RS-24 导弹机动到俄罗斯国土纵深发射，以确保在对手导弹防御系统拦截前实现多弹头分离，有效突破，又能保证精确击中美国的重要目标，摧毁目标。

【点评】 美国为谋求其所谓的绝对安全，可谓是 NMD、TMD 齐动手，妄图把自身的安全建立在其他各国的不安全之上，殊不知，道高一尺，魔高一丈，导弹防御系统也不是万能的，随着导弹突防技术的发展，导弹防御系统崩溃将不可避免。

动能拦截技术：弹道导弹新"杀手"

动能拦截是在 20 世纪 80 年代伴随美国"战略防御倡议"（SDI）计划的实施而迅速发展起来的一种新型技术，主要用于防御弹道导弹。动能拦截弹由助推火箭和作为弹头的"动能拦截器"（KKV）两大部分组成，借助动能拦截器高速飞行时所具有的巨大动能，通过直接碰撞摧毁目标。那么，动能拦截弹是怎么拦截的呢？其关键技术有哪些呢？

KKV识别技术。20世纪80年代末，美国就开始研究名为"智能卵石"的天基动能拦截弹方案。这种拦截弹的KKV计划采用紫外、可见光、红外、微波和毫米波雷达等一系列探测手段，对真假目标进行复合探测、跟踪和识别，同时还采用性能更高的计算机和数据融合技术，只要一接到发射指令便可独立完成作战任务。1992年，美国国防部提出发展有识别能力的拦截器计划，重点发展有识别真假目标能力的KKV所需的关键技术。依据弹道导弹攻击情况的不同，采用有识别能力的拦截弹后，拦截弹的单发杀伤概率可增加8倍之多。有先进识别能力的动能杀伤拦截器的质量将增加25%，成本降低，用这种拦截弹，只需向一个目标发射一枚拦截弹。美国军方认为，提高KKV识别能力的基本途径是增加所测目标特性参数，并把由多部传感器所测得的目标特性数据最佳地融合起来。发展有识别能力的KKV关键是将被动传感器与激光雷达结合起来。美陆军研制了三种成像激光雷达，供有识别能力的动能杀伤拦截器选用；同时，美空军也积极研制激光雷达导引头，并进行了一系列成功的试验。

导引头技术。KKV保证直接碰撞最关键的是精确制导与控制技术。目前，比较先进的末制导采用毫米波和红外成像导引头。（1）采用毫米波制导技术，美国海军和陆军联合推进了毫米波导引头技术开发倡议计划，为大气层内拦截器提供先进的导引头部件。

动能弹头

该计划要求制导器件质量轻、体积小、响应快，并具有碰撞杀伤制导精度，该计划的重点是研制 Ka（35GHz）和 W（94GHz）频段的导引头部件。（2）采用红外成像制导技术，在高空 30 km 以上，KKV 一般采用红外成像导引头。红外频谱两个窗口即中波红外（3~5μm）和长波红外（8~12μm）频段，都适用于战术反导拦截器的红外导引头。美国在红外成像制导技术方面已取得重大进展。红外导引头体积小、质量轻，但低空的云会妨碍其对威胁目标的红外特征信号的探测。而毫米波导引头虽然质量较大，但能够在低空提供目标的距离数据，这两种导引头配合使用可以取长补短。另外，这两种导引头都能以高达 100 次/秒的速度向信号处理机提供目标的方向信息，精度为 100~300μrad。

惯性测量技术。拦截弹的惯性测量装置向拦截弹的数据处理机提供有关拦截弹姿态和速度的反馈信息。惯性测量装置的数据要以 50~100 次/秒的速率提供给数据处理机，而且要非常准确。惯性测量装置在微小型化和精度方面已经取得了重大进展。支持直接碰撞杀伤武器的惯性测量装置，其体积约与棒球的大小相当，能够实现精度大约为 1 度/小时的陀螺漂移。惯性测量装置尺寸的减小和精度提高促进了拦截弹轻小型化，有效地降低了成本。

姿控与轨控技术。弹道导弹是高速目标，并有可能需在大气层外拦截，拦截器采用气动翼面控制方式局限性较大，为了使杀伤飞行器在末段能够快速反应实施机动，弹道导弹拦截器除采用末制导提高导引头制导精度，还采用推力矢量控制，进一步提高拦截精度。弹道导弹拦截器末段控制系统有三轴稳定控制和单轴稳定控制两种。三轴控制采用两组微型推力发动机，一组为轨控发动机，用于控制飞行方向，另一种为姿控发动机，用于稳定姿态。这种微型推力发动机每组需要 4~8 个推力器来控制飞行器的俯仰、偏航和滚转。姿控与轨控系统是动能拦截弹的 KKV 实现高机动能力、直接碰撞杀伤目标的关键。姿控系统用于保持 KKV 的姿态稳定，轨控系统则用于为 KKV 提供横向机动能力。姿控与轨控的技术难点在于实现小型化，要求响应时间短。另外，要求轨控系统具有很大的推重比，能以稳定和脉冲两种方式工作，实现精确控制等。

传感器融合技术。大气层外拦截弹系统的关键要素是智能处理（IP）技术，它能够把来自不同传感器的数据有效地融合在一起。美国导弹防御局进行的有识别能力的拦截器技术目的是研制和试验几种先进的传感器硬件方案、先进智能处理和传感器数据融合算法，以提高导弹防御拦截弹性能的稳定性。在研的先进传感器方案，包括弹上激光雷达和双波段被动传感器。通常导弹防御系统拦截弹的部署数量有限，必须提高拦截弹的目标识别能力，以减少弹头漏防、误防造成的拦截弹消耗。目前美国的导弹防御动能拦截弹设计只包含被动传感器，那些间距小的威胁目标使红外传感器只有到最后拦截时才能分辨出来。研究表明，增加一个激光雷达传感器可以提高相关性能。

【点评】动能拦截武器的发展是建立现代防御体系的基础，对实现综合防空防天、中远程精确打击、海上封锁及陆上军事争夺等军事能力具有重大意义。

火箭技术：航天器升空的推手

运载火箭是把人造地球卫星、载人飞船、空间站、空间探测器等航天器从地球运送到预定轨道的运载工具，这些航天器最轻的不到 2 千克，重的则达近 200 千克。同时导弹的飞行也靠火箭推动，火箭是怎么把它们送入太空遨游的呢？

运载火箭一般由 2 ~ 4 级火箭组成。各级火箭通过级间结构连接。有时为提高运载能力，在芯级周围捆绑液体或固体的助推火箭。运载火箭的每一级都包括推进系统、控制系统和箭体结构等。

为提高火箭性能，上面级火箭常采用液氧和液氢高能推进剂，下面级常用液氧和煤油、四氧化二氮和偏二甲肼等推进剂。上面级火箭发动机往往有再启动能力，以满足特定的轨道要求。专门研制的运载火箭，特别是大型运载火箭，起飞质量很大。为获得适当的长细比，常选用较大的箭体直径，如"土星5号"火箭的箭体直径为10米，运载火箭的控制系统通常放在末级火箭的仪器舱内。有效载荷在火箭的最前部，外面有整流罩，用以保护在大气层内飞行时的安全。在火箭飞出大气层后整流罩被抛掉。整流罩多为沿纵向分成两半的半硬壳结构，有效载荷的径向尺寸较大时，整流罩的外径可以比和它连接的箭体直径大。

运载火箭主要由动力系统、控制系统、箭体系统、箭体结构和无线电测量系统等组成。具体是：动力系统由火箭发动机和推进剂组成，如果是液体火箭发动机，还应有液体推进剂和输送系统，动力系统有火箭的"心脏"之称，由它提供推动火箭运动的动力；制导系统由导引、姿控等分系统组成，它是火箭飞行中的指挥系统，被称为火箭的"大脑"，其任务是用来保证火箭的稳定飞行，并确保火箭精确地进入预定轨道；箭体系统、箭体结构，主要包括整流罩、仪器舱段、贮箱、尾部舱段、级间舱段和各舱段的连接、分离等机构。各舱段用来安装航天器、制导系统、无线电测量系统和动力系统，箭体结构设计要使火箭具有良好的空气动力外形，保护箭体内部各种仪器设备在良好的环境下工作，同时火箭在运输、起吊和飞行过程中，箭体结构还用来承受各种载荷；无线电测量系统在运载火箭上通常都装有一些小型的遥测、遥控收发仪器，这是为了了解火箭的飞行情况而附加在火箭上的测量和跟踪系统，遥测系统为设计者和使用者提供火箭飞行实况资料，供性能分析及在发生故障时进行故障原因分析之用，遥控系统在火箭发生事故时，为了安全，由地面发出指令，经过这一系统，使火箭自毁。

液体火箭发动机的推进剂为液体，液体火箭发动机由推力室、推进剂贮箱、推进剂输送分系统、用于调节推力大小的推进剂流量控制分系统、用于冷却推力室内壁的燃烧室冷却分系统、用于控制推力方向的控制机构、用于传递推力的发动机架等组成。其中推进剂输送系统按一定的程序，将推进剂按要求的流量和压力从推进剂贮箱输送到燃烧室，并保证发动机能正常启动和关闭。液体推进剂有单元与双元推进剂两大类。单元推进剂是一种自身能释放化学能的物质，如过氧化氢、硝基甲烷等，单元推进剂不是通过燃烧而是通过催化、加热、加压等实现放热反应，并生成气体。这种推进剂由于含能较低，本身不太稳定，因而通常只用于辅助动力装置中。双元推进剂包含燃烧剂（燃料）与氧化剂两种组元，分别存贮于独自的贮箱内，通过推进剂输送系统将它们分别送入燃烧室。液体火箭发动机的优点是推进剂含能高，可获得高的有效排气速度，一般液体推进剂的发动机排气速度可达到 3000 米/秒，而液氢液氧高能推进剂发动机排气最大速度可达 5000 米/秒，液体推进剂发动机工作时间长，工作情况受外部环境影响小，易于多次点火启动，推力大小可以调节。缺点为结构复杂，高空点火性能较差。液体火箭发动机多用于运载火箭，推进剂可存贮的液体火箭发动机也可用于导弹，但应用情况现在较少。

固体火箭发动机的推进剂为固态，推进剂做成装药装在燃烧室内，固体火箭发动机由推力室（燃烧室和喷管组成）、装药药柱和点火装置组成。常用的固体推进剂为双基、复合、改性双基三类。双基推进剂主要成分为硝化纤维和硝化甘油。复合推进剂是由燃烧剂（燃料）和氧化剂机械混合而成，燃烧剂为聚氯乙烯、聚硫橡胶等，氧化剂为过氯酸盐、无机硝酸盐等。改性双基推进剂是在双基推进剂中加入过氯酸氨等氧化剂、铝粉一类高能添加剂而形成的新推进剂，比双基推进剂的性能有所提高。固体火箭发动机的优点是结构简单、使用方便、可长期贮存、工作可靠，能在短时间内产生很大推力，在真空中易于点火启动。固体火箭发动机常用于导弹武器，俄罗斯现役陆基导弹"白杨－M"采用的就是三级固体发动机技术，在运载火箭中用于作为助推器和上面级的火箭发动机以及在航天器上用作提供轨道调整和转移所需的较大推力的发动机。进入21世纪，西方各国相继出台并实施军事航天发展计划，固体发动机技术在20世纪末经历一段发展低谷后，又被注入新的活力。美国和欧洲的固体火箭工业界在重组后分工更加明确，为下一代航天助推器、战略战术武器固体动力装置的发展打下了一定的组织基础；政府、大学和工业界联合开展各种技术发展计划，如"综合高性能火箭推进技术计划""多学科大学研究倡议""小企业创新研究"计划等，为基础技术储备做出深入研究，并取得了较大的成就。

【点评】进入21世纪，西方各国相继出台并实施军事航天发展计划，开展新型或替代型号的技术预研和应用研究，试图在这些关系国家安全的领域保持其先进技术地位。这样，固体发动机技术在上世纪末经历一段发展低谷后，又被注入新的活力。

航天测控技术：飞行中的航天器任"人"摆布

人们将各种航天器送入太空后，并不是撒手不管而任其自由自在地飞翔，而是要它们随时听人摆布，为人们服务。海湾战争、伊拉克战争及科索沃战争期间，美国都将其分布在太空的各种卫星调度到指定地域进行服务。为此，人们在地面必须建立相应的测控系统对航天器进行遥测、遥控、跟踪和通信。地面测控系统由分布全球各地的测控台、站及测量船组成。这些台、站和船上通常配备有精密跟踪雷达、光学跟踪望远镜、多普勒测速仪、遥测解调器、遥控发射机、电子计算机、通信设备等。

测控船

测控系统或测控网是发展航天事业的重要技术基础设施，其发展经历了从地面建网到建立天基测控网的过程。地基测控网是指在地球上的测控站、测控船、航天控制中心、通信链路等组成的测控网。美国、俄罗斯、中国等国以及欧洲空间局，在航天飞行初期均使用地基测控网。地基测控网包括陆上固定测控站、陆上活动站、海上测控船，活动站和测控船，可以根据不同的航天飞行任务部署在不同地域和海域，结束后返回大本营。由于是设在地球上，所以地基测控站（船）在观测航天器时势必会受地平线和周围遮蔽物的影响，故每个测控站（船）的测控覆盖率都较小，例如对340千米高度、倾角43度的卫星来讲，一个测控站（船）的测控总覆盖率仅约1.4%。天基测控网是指由运行在高轨道、对其他低轨道航天器进行测控的卫星组成的测控网。我们称这种卫星为数据中继卫星，一般运行在地球同步轨道、由于轨道高约36000千米，故它覆盖的范围很广，一颗卫星可以覆盖半个地球，即一颗中继卫星的测控覆盖率高达50%左右，就好像是将一个地面测控站搬到了天上，让它居高临下地跟踪、测量、监视和控制运行在眼皮底下的航天器。美国、俄罗斯、欧洲空间局从20世纪80年代初开始陆续研制并使用中继卫星系统。航天测控网的中枢是航天指挥控制中心，不管是地基，还是天基，所有的测控资源都由中心来计划控制和使用。

测量船

遥测。航天器在轨道上飞行的时候，必须把各部件的工作情况，如姿态是否符合要求，电源供给是否适当，仪器工作是否正常，内部温度是否合适等，及时告诉地面。同时，那些负有特殊使命的卫星，还必须将获取的信息及时向地面报告。在无线电遥测中，多路信息综合后送入发射机进行载波调制，再经发射天线发射出去。在接收端，接收机接收传输的无线电波，并完成载波解调，再经分路设备把输出的各路信号送入计算机进行记录处理。遥测系统一般分为"实时遥测"和"延时遥测"两种。如果无线电遥测系统在测量参数的同时，就把测量的量值传输到地面站，称作"实时遥测"。如果航天器在地面的接收范围以外，遥测资料不能实时传送回来，先由航天器上的磁记录器或存贮器件把所测数据存储起来，待航天器进入地面站接收区时，快速地把已存贮的数据传送下来，这便是"延时遥测"。为解决航天器的实时遥测和实时通信，可按航天器的轨迹，在全世界范围内部署一系列地面站，如美国配合载人飞行计划设立了一批国外地面站和海洋观测船。我国的几颗卫星遥测系统都有延时遥测部分。

遥控。是地面控制人员通过无线方式对运行在太空中的航天器进行控制。航天器入轨后干什么工作、何时干、如何干，都需要通过遥控将地面科学家的意图发送上去，例如对仪器设备进行开/关机、主机/备机切换、电源母线接通、设备加温、控制航天器进行变轨、进行有效载荷相关试验、星钟校正等。当通过轨道测量或遥测信息得知航天器出现了故障时，也是通过遥控进行远程诊治。遥控可以是遥控指令，也可以是注入数据。遥控指令是立即指令，即航天器一旦收到便立即执行。注入数据包括航天器平台和有效载荷工作所需要的程控指令和各种数据，程控指令是按时间规定执行的指令，即程序控制执行；数据可以是各种参数，如变轨控制参数，也可以是软件代码，用以代替航天器计算机中原来的程序。

跟踪。由于运载火箭控制系统不可能绝对精确，航天器也就不可能一点没有偏离地进入预定的轨道。因而，航天器进入轨道以后，地面就要测出它的实际飞行轨道。另外，在干扰力的作用下，航天器轨道会逐渐发生变动，地面也需要随时知道它的变动情况。测定航天器轨道参数的任务由跟踪设备来完成。目前常用的跟踪方法有无线电跟踪和光学跟踪两种。用光学方法跟踪测轨要受到天气条件的限制。使用无线电测轨法，只要频率、功率等选择适当，航天器飞经地面站上空，就可以对它测轨。由于使用无线电测轨法所受的限制条件较少，故该测轨法是目前航天器测轨的主要手段。现在，使用全球定位系统（GPS）能顺利地对航天器进行跟踪及测轨。

通信。是指用电信号传输信息的系统。通信系统由信源、发端设备、传输介质、收端设备、信宿等组成，传输的信息有数据文档、图像、话音等。在发端将信息进行编码、调制到副载波、再将副载波调制到载波，最后放大，通过传输介质发送出去。在收端将副载波解调出来，恢复出原来的信息。

航天测控体制。是指测控站与航天器上行/下行信道传输测距、遥测、遥控、话音图像、通信等基带信号所采用的载波、副载波和调制/解调体制。基带信号是指只有固有基本频率的信号。测控基带信号是指测控工程中的测距、遥测、遥控、话音图像、通信等基带信号的总称，也称调制信号。例如脉冲雷达信号、连续波雷达信

67

号、脉冲编码信号、模拟信号。基带信号的频率都很低，不能远距离传送，要想将其传送几百千米、几千千米甚至几十万千米以上，必须将基带信号装载到无线电高频载波上进行传输。载送基带信号的电磁波称为载波。高频载波具有很多优点。例如频段范围宽、通信容量大、天线的增益高、方向性强、信噪比高、通信稳定性和可靠性好等。如果基带信号采用独立载波，这种系统称之为独立载波系统；如果为了综合利用一个载波传送多路基带信号，在向载波装载信号之前，先将不同的基带信号装到不同的副载波身上，然后再将几个副载波装到总载波身上，采用统一载波，则称这种系统为统一载波系统。

GPS 系统。是美国全球导航定位系统，可以随时测定航天器的位置、速度、时间和姿态，最高定位精度可达 10 米以内，测速精度可达 0.1～0.01 米/秒，时间精度可达 100～1 纳秒。利用这些高精度的导航信息，可以为航天器运行提供独特而有效的服务，其中有些功能是传统测控网所无法完成的，例如测姿、相对导航，航天器可以利用此类信息完成自主轨道确定。

【点评】未来战争中，航天器攻防战将是太空战的一种重要样式，未来的航天测控可能不仅将只担负对航天器的管理与调度，还要负责对敌方航天器的进攻和对己方航天器的防御任务。

海上航天发射技术：漂浮的航天发射场

2006 年 1 月 30 日，南太平洋上空一枚火箭刚刚升起，巨大的火球就将其淹没——火箭发生了剧烈的爆炸，这枚火箭是从一个浮游式平台上发射的。此前，已进行过 20 余次的火箭发射，这次爆炸使人们对这个漂浮的航天发射场又有了进一步的关注。而这个航天发射场也是世界上唯一的海上发射场。

海上发射具有诸多优越性，通常各国的卫星发射场都设在陆上，如我国的西昌卫星发射中心，美国的卡纳维拉尔角发射场，俄罗斯从哈萨克租用的拜科努尔发射场，欧洲航天局常用的库鲁发射场等。从海上发射大型商用卫星，是一个新概念。从临近赤道的洋面上发射卫星一直是航天工作者梦寐以求的事情。因为从赤道发射卫星可以充分利用地球自转所获得的最大初速。众所周知，由于地球自转，运载火箭从起飞前就能获得一定初速。发射场离赤道越近，则初速越大；相反，如发射场偏离赤道越远（亦即纬度越高）则初速越低。例如，在赤道上，运载火箭的初速为 465 米/秒，而在位置偏北的俄罗斯普列谢茨克航天发射场，初速仅为 210 米/秒，用更为形象的话来说，在同等条件下，从俄罗斯航天发射场必须用重型运载火箭（如"质子"号）才能完成的任务，从赤道发射场只需用中型运载火箭（如"天顶"号）就能胜任，可使发射价格降低 20%～30%。此外，陆上发射场由于国界和居民点等原因，其发射方位受到限制。即使位于海边或近海岛屿的发射场，由于船舶航线或渔场的关系，发射也受到限制。例如，日本的航天发射场临近渔场，因此，他们同渔业公会订有协议，一般在渔业旺季不得发射卫星。对于设在大洋深处的海上发射场，上述种种麻烦可以统统免除。并且海上发射成本相对低廉，据英国广播公司提供的数据，海上平台发射每次耗资 4000 万美元，而占有世界市场 70% 的阿里亚娜火箭每次发射成本要 5000 万美元。这意味着，海上发射平台有可能在不久的将来成为世界商用卫星发射市场中最强有力的竞争者。

海上发射系统是由美国、俄罗斯、乌克兰和挪威 4 国共同经营的。包括：①发射平台，长 132 米，宽 67 米，原为北海油田的一座石油钻井平台，遭火灾破坏，经挪威夸纳海事公司负责修复并改建成发射平台，定名为"海洋奥德赛"，重达 3.1 万吨。平台配有

海上发射场

两套动力装置使它具有自主航行的能力，航速可达 12 节左右。平台上新建的空调厂房可容纳多枚火箭，并可为 20 名工作人员提供全套生活保障设施。平台为半潜式，下方有两排浮筒，当准备发射之前，浮筒会灌入大量海水，从而下潜到发射压载深度，排水量也会提高到 4.6 万吨，"奥德赛"号通过这种方式增加发射时的稳定性。②总装指挥船（ACS），长 201 米，排水量为 3.4 万吨，可容纳 240 名船员。甲板下有一长度 67 米的巨大车间用于存放和组装工作，能并排存放 3 枚完成总装的火箭，而且每枚火箭周围都有足够的工作空间。由挪威夸纳海事公司提供，用以进行火箭的总装，并实施发射指挥。③运载火箭为"天顶"号运载火箭，海射型运载火箭海上发射使用的运载火箭为"天顶"-3SL 型。"天顶"系列运载火箭是一种全液体运载火箭，是苏联/俄罗斯运载火箭家族中一种较新的型号，1985 年首次用于卫星发射。"天顶"系列分为两级的"天顶"-2 型，三级的"天顶"-3 型和"天顶"-3SL 型。"天顶"-3SL 为海上发射型，长 61 米，直径 39 米，以液氧和煤油为推进剂。为了满足海上发射的性能要求和提高可靠性，海射公司对火箭的一级结构进行了加强，更换了二子级和上面级的制导计算机，增加了二子级和上面级的液氧贮量，它由设在乌克兰的南方联合体制造，但第三级和整流罩分别由能源中心和波音公司制造。该火箭能把重达 5 吨左右的负载送入地球同步转移轨道。"天顶"型火箭具有水平组装、自动起竖和自动加注的特点，这对于海上发射来说是非常合适的。④基地港，设在美国加利福尼亚州长滩、由美国波音公司负责管理。

【点评】海上发射拥有经济、安全等陆上发射无可比拟的优点，是一种非常有前景的发射方式，随着技术的进一步成熟将会有更加广阔的市场。

第二章　军事侦察监视技术

照相侦察技术：太空"千里眼"

　　照相侦察卫星是利用光电遥感器摄取地面图像的侦察卫星，号称天兵天将中的"千里眼"。卫星把目标区的图像信息记录在胶片或磁记录器上，通过回收送回地面或用无线电传输方式实时或延时送回地面，经加工处理后，判读和识别出军事目标并确定它的地理位置。

　　照相侦察卫星按信息传送到地面的方式不同，可分为返回型和传输型两类。返回型卫星的侦察信息存储于胶片或磁记录带等载体内，卫星侦察任务完毕后，存放信息载体的返回舱返回地面。传输型卫星则不设返回舱，侦察信息用实时或延时无线电传输方法传到地面站。按用途不同，照相侦察卫星一般又分为普查型和详查型两种。普查型卫星地面分辨率一般优于 3～5 米，图片的覆盖面积大，一幅可达几千到一两万平方千米。详查型卫星地面分辨率优于 2 米，对重点区覆盖，一幅图像可覆盖几十到几百平方千米。

　　照相侦察卫星主要有以下几个特点：一是轨道均取近圆低轨道。一般近地点在 300 千米以下，有的详查卫星为了提高图片的分辨率，在拍照时把轨道高度降低到 150 千米以下。为了重复监视特定地区，有的卫星采用太阳同步回归轨道。二是姿态控制要求高。

在轨道上对地摄影，由于距离很远，因此要求高精度的姿态控制和稳定控制，否则会使图像模糊。一般在摄影时姿态控制的精度为0.1 度左右，稳定精度要求 0.001 度/秒。三是地面分辨率高。军事上需要所有的照相侦察卫星均能得到高分辨率的地面图像。照相侦察卫星发展的初期，限于技术水平，地面分辨率不高，约为十几米，现役的照相侦察卫星地面分辨率均优于 5 米，有的达到 0.3米，侦察照片的清晰度可与航空侦察照片相媲美。无论是陆地还是海上的重要军事目标，都逃不过照相侦察卫星的"眼睛"，就连地面上的火炮、坦克、车辆甚至单兵携带的武器都可被它分辨得一清二楚。四是信息传送难度大。把卫星上获取到的信息传送到地面的技术，限制着照相侦察卫星的发展。返回技术是返回式照相侦察卫星用来传送信息的高难度的技术。无线电传输技术的难度在于信息的码速率高，一般为几百兆比特/秒，而卫星传输的信息又主要是国外信息，因此，除使用数据压缩技术外，一般还要采用数据中继卫星系统中转或高密度数据存储和重放技术。

照相侦察卫星所用的侦察设备主要有：（1）可见光照相机。采用几何光学成像。为获得清晰图像，需要相移补偿和快门曝光控制。常用的有长焦距全景扫描式或画幅式相机和测绘相机。（2）扫描仪。扫描仪在垂直于卫星运行方向上横向扫描，可获得宽度为扫描宽度的轨道下的图像。有可见光全景扫描相机，多谱段扫描仪和微波扫描仪。（3）电视摄像机。一般是光学成像于电荷耦合器件面上的摄像机。（4）多谱段照相机。由几个不同谱段的照相机或摄像机组合成的侦察设备。（5）侧视雷达。属微波成像设备，一般采用合成孔径雷达。

20 世纪 60 年代初，美国首先发射了具有明显军事目的的照相侦察卫星，迄今为止，美国照相侦察卫星已经发展了六代。"发现者"号是第一代回收型照相侦察卫星。1962 年美国开始 KH 系列卫星计划：KH-1～4 为第一代，KH-5、6 为第二代，KH-7、8 为第三代，KH-9（俗称"大鸟"）为第四代，KH-11 为第五代，KH-12 为第六代。KH-1～4 都使用差别不大的全景式相机或画幅式相机，KH-7 是第一批真正的详查型卫星，KH-9 既能普查，又能详查，兼有回收型和传输型两种工作方式，代表了美国光学照相侦察卫星向综合型侦察卫星发展的趋势。KH-11 卫星采用了数字成像和实时图像传输技术，使美国获得了卫星实时侦察能力。

目前美国正在使用的是第六代 KH-12 光学成像侦察卫星和"长曲棍球"雷达成像侦察卫星。KH-12 光学成像侦察卫星，载有更先进的遥感设备，大大提高了红外侦察能力。其主要特点是：采用大型电荷耦合器件和"凝视"成像技术，使卫星在取得高几何分辨率能力的同时还有多光谱成像能力，其先进的红外相机可提供更优秀的夜间侦察能力；采用镜面曲率可由计算机控制技术，从而有效地补偿了大气影响造成的观测图像畸变，使分辨率达到 0.1 米。"长曲棍球"雷达成像侦察卫星，是一颗新型的全天候、全天时的雷达成像侦察卫星。星载合成孔径雷达可穿透云雾、沙漠和白雪。图像分辨率达 0.3～1 米，可探测到隐藏在树丛中的机动导弹系统。除西伯利亚的某些高纬度地区以外，该卫星可覆盖俄罗斯及东欧 80% 的领土。

照相侦察卫星拍摄的美军 12 座 B-2 机库

海湾战争中，美国用于侦察监视和搜集情报的照相侦察卫星大约为 6～7 颗，其中包括具有近实时侦察能力的 2～3 颗"KH-11"

和 2～3 颗改进型 "KH-11" 数字图像传输型卫星，1 颗能透过云层摄制图像的 "长曲棍球" 雷达成像卫星。战争期间，坐落在阿纳卡斯蒂业河畔的美国国家照片判读中心车水马龙，那里的工作人员每天都要工作 18 个小时。即使这样，仍有大量图像资料不能及时处理。美军事专家说，这些卫星提供的情报超过以往任何战场上指挥员获得的情报。多国部队的战斗机、轰炸机、巡航导弹利用这些情报数据飞向袭击目标，也难怪伊拉克的机密军事基地都遭到了打击。

然而，这两种卫星也具有明显的缺陷，如照相幅宽过小，如 KH-12，仅为 4 千米×4 千米，重访周期太长，信息时效性不高，及卫星重量、造价过高，无法应急发射，战场指挥员不能对卫星系统进行必要的控制，其直接为战术行动服务的能力非常有限。为解决这些问题，美国正加紧发展新一代的成像侦察卫星系统，其中最具代表性的是 "发现者Ⅱ" 系统和 "未来成像体系"（RA）系统。

"发现者Ⅱ" 系统原称 "监视、瞄准、侦察" 系统，是一个用雷达成像小卫星进行战术侦察的星座系统。"发现者Ⅱ" 系统由 24 颗低轨道（约 770 千米）卫星组成，轨道倾角 53°，卫星重访时间为 15 分钟。该系统的优点有：（1）可全天候、全天时地侦察地面活动目标。星上装备的合成孔径雷达具有很高的成像能力和数字化地形测绘高程数据生成能力，它可以用三种方式工作：条幅式，用于目标探测，每小时扫描面积 70 万平方千米，雷达图像的分辨率为 3 米；扫描式，用于目标分类，每小时扫描面积 10 万平方千米，雷达图像分辨率为 1 米；点式，用于目标识别，每小时可以提供 160 幅 4 千米×4 千米的图像，分辨率为 0.3 米。（2）可受作战指挥员 "指挥"，战场指挥员可直接向卫星发送指令，以拍摄特定地区的目标图像，在 15 分钟内就能获得所需要的图像信息。（3）能为机载或其他天基传感器提供侦察线索，同时，"发现者Ⅱ" 系统也能接收机载或其他天基传感器提供的线索，以实施对活动目标的

第二章　军事侦察监视技术

75

侦察或对静止目标进行高分辨率成像。（4）可探测地下设施。通过综合分析合成孔径雷达图像和精确的地形测绘数据，就可识别新的土山，从而发现隧道工程。（5）能搜集电子与通信情报。分析活动目标指示器（GMTI）提供的有关车辆通行与部队调动的数据，还能了解相关的军事活动。

"未来成像体系"（RA）将由体积小、重量轻、功能强、数量多的较小型照相侦察卫星组成星座，并采用许多当今的高新技术，从而使卫星造价降低一半，而性能提高一倍。由于 RA 星座将由多颗卫星组成，因而能大大提高卫星对地面给定目标的重访频率，一般可每天重访两次或更多次。

【点评】照相侦察卫星不仅广泛用于军事领域，商业照相侦察卫星也发展得如火如荼，其精度之高堪比军品，能清楚拍摄到各国核设施及导弹基地，甚至全球任一国家的主要街区情况。更令人不安的是通过商业手段获取较为机密的高清晰度卫星图像已经初露端倪。

电子侦察技术：太空"顺风耳"

电子侦察卫星，分为通信情报和电子情报两类，可以不受地域和天气条件的限制，大范围、长时间地监视和跟踪敌方雷达、通信系统的传输信号，从而及时获得敌方军用电子系统的部署地点、特征信号和活动情况以及新型武器试验的信息，进而了解敌方军队的调动、部署及战略意图。

电子侦察卫星由电子侦察设备、快速通信设备、遥测与姿态控制设备、电源及壳体等组成。电子侦察设备用于截获、分析和存储敌方电子设备的电磁辐射信号，由天线、侦察接收机和终端组成，工作频段为 80 兆赫至 37 吉赫。天线类型根据任务来确定，如窄波束扫描天线、多波束天线、比相比幅天线等。为适应由于卫星侦察高度高、覆盖范围大而面临的密集、复杂的电磁信号环境，侦察接收机多选用信道化接收机、压缩接收机和瞬时测频接收机等，这些接收机多具有很宽的频率覆盖范围，很高的信号截获概率、灵敏度和测量精度以及较强的信号分选能力与适应能力。由于星载设备的体积、重量和可靠性等方面的严格限制，通常终端的信号处理以记录、存储和简单处理为主，因此多采用大容量的磁带记录器，个别卫星上的终端应用微处理器对信号进行简单的预处理。快速通信设备用来向卫星地面站发回终端存储的全部信息。遥测和姿态控制设备用来检查卫星的工作情况，并由卫星地面站对卫星的姿态、轨道参数及天线指向等进行精确控制。

在工作状态下，卫星上的侦察接收机侦收到电磁辐射信号后，先对其进行简单处理并存储，当卫星飞临预定位置上空时，星上快速通信设备根据卫星地面站的指令将截获的信息发回卫星地面站，由地面站的计算机进行分析、处理和计算，测定辐射源的各种特征参数及位置，并进行定位编目，从中获取各种情报。对辐射源定位的方法主要有单星定位法和多星定位法。单星定位法又有测角定位法和测向交会定位法两种。测角定位法是通过测定卫星与辐射源的连线以及卫星与地心的连线之间的夹角来定位；测向交会定位法是利用卫星在两个不同位置时测定辐射源的方向，然后交会定位。多星定位也称反罗兰到达时间差定位法，一般要用3或4颗卫星，先测得同一辐射源发出的信号到任意两颗卫星的时间差，建立起以这两颗卫星所处位置为焦点的双曲面，再以同样方法建立起以另外两颗卫星所处位置为焦点的双曲面，然后根据这两个双曲面与地面的交线来确定辐射源所在的位置。单星定位和多星定位的定位精度均已达几公里。此外还可利用其他卫星进行辅助定位，如利用照相侦察卫星对目标的高分辨力侦察来核实电子情报，对辐射源进行准确定位。无论采用何种方法定位，都要求电子侦察卫星具有实时的自身定位能力。为了保证较高的定位精度，单星定位时，要求对卫星的姿态进行精确控制。多星定位时，则需采用轨道控制系统，严格保持卫星之间的相对距离。

电子侦察卫星按定位方法分为单星定位制电子侦察卫星和多星定位制电子侦察卫星；按侦察对象分为侦察雷达和遥控、遥测信号的电子情报型卫星和窃听通信的通信情报型卫星；按侦察任务的不同可分为普查型卫星和详查型卫星。普查型电子侦察卫星用于监视大面积地区，粗略地测量辐射源参数，确定它们的大致位置；详查型电子侦察卫星则要精测辐射源的信号特征参数和地理位置。功能上的差异，决定了它们各有自己的特点：普查型卫星体积小、重量轻，星上电子设备较简单，接收机灵敏度也较低；它们通常采用"搭载"方式同其他类型的侦察卫星一起发射；卫星运动轨迹在地面上投影并不集中覆盖指定地区，组网使用时也是如此，如六星组网和八星组网时，卫星的轨道平面间隔彼此相差分别为60°和45°。详查型卫星在体积、重量上均大于普查型；星上电子侦察设备也要复杂得多，接收机灵敏度也较高；它们通常采用单独发射的方式；卫星运动轨迹在地面上投影则要连续覆盖指定地区；组网使用时，它们可在一个轨道平面上，也可在间隔很小的不同轨道平面上运行，以满足对某一地区连续监视及提高定位精度的需要。电子侦察卫星的轨道为圆形或近圆形，为了增大对地球的监视地区、减少阻力、延长寿命并兼顾定位精度的需要，其轨道平面的倾角都较大，轨道高度大多在300～600千米，也有的高达1400千米。

电子侦察卫星具有侦察范围广、速度快、限制少和寿命长等优点。不仅能长期监视敌方电磁辐射源（包括雷达和遥测遥控信号）的变化，掌握敌方防空系统的配置、战略武器系统的试验和电子设备的发展情况，为己方战略轰炸机、弹道导弹的突防及实施有效的电子干扰等提供情报，而且还能窃听、破译敌方的超短波、微波通信信号，从而掌握敌方潜在的军事动向和计划企图等。1990年7月

29 日晨，美国电子侦察卫星发现伊拉克苏制 TALL KING 雷达在停用数月后突然开机使用，根据当时的形势，情报专家分析认为伊军可能将入侵科威特，并随即用电子侦察卫星跟踪收集伊军军用通信、化学武器、中程导弹等的部署信息，使美国决策当局能提前 12 ～24 小时掌握伊军入侵的情报。

电子侦察卫星现正日益受到各军事大国的青睐，但也存在不少问题。例如，它无法有效侦听到地下有线通信网的信号、情报处理速度较慢、易受电子对抗措施的影响，等等。为此，美国正在研制新的电子侦察卫星，主要是发展功能更强大的高轨道大型卫星和时间分辨率极高、使用灵活的低轨小卫星星座。

【点评】无论是在冷战中，还是冷战以后发生的几次高技术局部战争中，电子侦察卫星都是获取情况的重要手段。美国在阿富汗实施的"持久自由行动"中，电子侦察卫星不但用于确定打击目标、检验打击效果，而且通过截获"基地"组织的电话和电子邮件来搜寻其头目——本·拉登。

预警技术：太空"烽火台"

说起长城，大家都知道它的一个重要作用就是通过无数的烽火台报警，当然长城烽火台是冷兵器时代的产物，现代战争中，长城的烽火台已经没有什么作用了。那么，现代战争中，战争双方靠什么来报警呢？那就是利用预警技术发展起来的太空"烽火台"。太空"烽火台"可谓功绩卓著，20 世纪 70 年代，位于印度洋上空的美国预警卫星就成功地探测了 1000 多次美国、苏联、法国、中国等国的洲际导弹试验；在阿富汗战争中，美国的预警卫星又观测到苏联进行的 2000 次"飞毛腿"导弹的发射；在海湾战争中，预警卫星为发现"飞毛腿"导弹又立了一大功，88 次"飞毛腿"导弹的发射没有逃过它的视野，为每次"爱国者"导弹的拦截提供了大约 4 分钟宝贵的准备时间。

导弹预警卫星用于监视和发现敌方发射的战略导弹，并发出警报。这种卫星通常发射到地球同步轨道周期约 12 小时的大椭圆轨道上，一般由几颗卫星组成预警网。卫星上装有高灵敏度的红外探测器和带望远镜头的电视摄像机；在敌方从地面或水下发射导弹后数十秒内，红外探测器即可探测到导弹上升段飞行期间发动机尾焰的红外辐射，并发出警报。同时高分辨率的电视摄像机跟踪拍摄目标，自动或按照地面遥控指令向防空指挥部发回目标图像，并在地面电视屏幕上显示出导弹尾焰的图像。预警卫星上一般还装有核辐射探测器，往往兼作核爆炸探测卫星。

美国的预警卫星系统叫做"综合导弹预警系统"，又叫"647 计划"或"国防支援计划"，迄今已发展了 3 代。这种卫星位于地球同步轨道上，星上装有红外望远镜、电视摄像机和核爆炸探测仪等设备。红外望远镜长 3.63 米，直径 0.91 米。当卫星以每分钟 5～7 转的速度自转

获得预警卫星警报信息后发射的导弹

时，望远镜每隔 8～12 秒钟，就可以对地球表面 1/3 的区域重复扫描一次。若在地球同步轨道上等间隔地放置三颗这种卫星，则能对除两极以外的地球表面进行监视。一旦有导弹发射，卫星上的红外望远镜在导弹离开发射架大约 90 秒钟时，就能探测到导弹尾焰产生的红外辐射信号，并自动把这一信息传送给地面站。地面站可以经过电缆或通信卫星，把情报传给地球另一边的指挥中心。全部过程仅需要 3～4 分钟时间，从而对陆基洲际弹道导弹能提供 25～30 分钟的预警时间，对潜射弹道导弹能提供 15 分钟的预警时间。目

前，美国在地球同步轨道上空部署了 3 颗导弹预警卫星，1 颗位于印度洋上空东经约 70 度处，用来监视陆基导弹发射，另外 2 颗部署在西经 135 度和 70 度附近的赤道上空，用以监视从潜艇发射的弹道导弹。该预警网自运行以来，已观测到 1000 多次导弹发射。

预警卫星的关键设备是红外望远镜。美国第二代预警卫星上的红外探测器件用的是 2000 单元线阵，用于探测导弹尾焰的红外辐射。第三代预警卫星用的是 6000 单元线阵，可在 3 ~ 5 微米、8 ~ 12 微米两个红外波段工作，灵敏度很高，可探测到飞机喷气的红外辐射，并且大大提高了探测潜射导弹的能力。目前正在发展的第四代红外探测器将采用 24000 单元的凝视型焦平面阵列。采用凝视型探测器以后，整个卫星不用旋转，只需将成千上万个敏感单元进行分工，各自分别盯住地球表面一小片地区。只要某地区内有较强的红外辐射，相应的敏感单元就能感受到并发出信号。根据敏感单元的位置，就可以算出红外辐射源所在地区。

继"国防支援计划"后，美国空军又发展了天基红外系统，也是美国国家导弹防御系统的重要组成部分。该系统将用于对全球战略和战区导弹发射的监督和预警，对导弹的发射时间、发射地点、弹头轨迹及着落地点进行跟踪和计算，为国家导弹防御系统和战区导弹防御系统提供技术情报，加强对战场态势的监控，为美军及盟军提供情报支持，还可对全球核试验情况进行监视。天基红外系统是一个包括多个空间星座和地面设施的综合系统，它由高轨道卫星、低轨道卫星和设施组成。高轨道部分，按照最初的设想，由 5 颗地球静止轨道卫星（其中 1 颗为备份）、2 颗大椭圆轨道卫星组成，可全年不间断地侦察、跟踪处于主动段飞行的来袭导弹。低轨道部分由 20 ~ 30 颗小卫星组成，整个星座计划部署在 1600 千米高的 3 ~ 4 个大倾角低地球轨道面上。地面站系统已于 2001 年建成，由在美国本土的控制站、备用地面控制站、防摧毁站、海外中继站和多任务移动处理站等组成。

【点评】预警卫星堪称部署在太空的"烽火台"，为导弹拦截提供先期预警，军事大国尤其是美国预警技术的大力发展，可能打破战略核导弹"相互威慑"的均衡，改变世界军事斗争格局。

地面预警雷达技术：太过敏感的"龟甲"

对弹道导弹预警不能只靠天基预警卫星，还应有地面预警雷达的配合，方能完成预警任务。可能很多人还对日本一个导弹预警雷达忽悠了包括日本首相在内的所有日本人的事件记忆犹新。2009年某日上午，一部雷达在日本海探测到"不明飞行物的痕迹"，即将此信息当作导弹发射情报，而防卫省则将此消息立即上报到日本政府。接着，日本政府立即发布紧急消息："朝鲜已发射飞行物！"日本政府相关部门，更是立即陷入一片紧张，时佶首相麻生也被这一假消息"忽悠"，立即下令要求强化情报搜集。同时动身前往首相官邸，准备向国民发布"演说"，但在获知消息有误后，麻生改道前往其他办公室，指令也随之取消。

事后查明，"忽悠"全日本人的雷达竟是日本称之为最先进的FPS-5雷达，它比普通雷达的探测范围更为广泛，更可弥补现有的FPS-3雷达只能跟踪飞机的不足，具有捕捉高速且反射面很小的弹道导弹的性能。这个雷达因外形酷似龟壳，也被称为"龟甲雷达"，每个"龟甲"上面共有4000个天线元件。FPS-5的主体呈六棱形，其中三面配有直径约18米和12米的雷达，可360度全覆盖式监测，主要用于捕捉并跟踪导弹。

尽管该雷达"忽悠"了全日本人，但FPS-5的性能绝非浪得虚名，它有以下三个特点：其一，性能更高，使日本对朝鲜导弹的预警时间由7～10分钟提高到15分钟甚至更长。据军事专家推

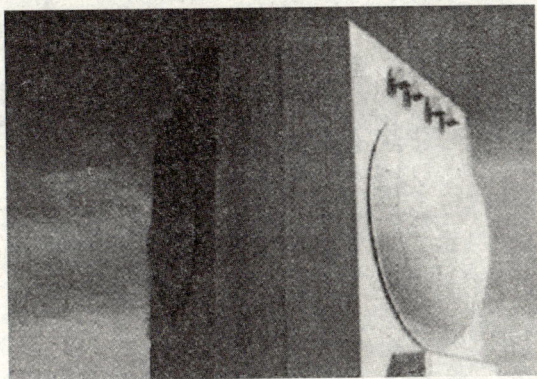

日本"龟甲"雷达"FPS-5"一号机

算，原来一部 FPS-XX 雷达可以完成 5 部日本现有的 J/TPS-102 移动式雷达的任务，而一部 FPS-5 能提供更加广泛的探测距离和空间。其二，反应时间更短，同时对付多个目标，它利用电子扫描的灵活性和快速性，能同时搜索、探测和跟踪不同方向和不同高度的多个目标，并同时制导多枚导弹攻击和拦截多个空中目标。同时，FPS-5 还具有较强的抗干扰能力。可利用分布在天线孔径上的多个辐射单元，根据需要分配发射能量，不仅有利于发现远距离目标和包括隐形飞机在内的小雷达反射面目标，还可提高抗反辐射导弹的能力。

【点评】日本"龟甲"雷达，性能优异，可有效弥补美国预警卫星难以确定东亚国家弹道导弹的飞行轨道的问题，已经引起了美军的注意，预计"龟甲"雷达将加盟美国国家导弹防御系统和战区导弹防御系统。

激光探测技术：激光雷达独到之处

说起激光技术，人们的第一反应是杀人不见血的激光武器，而可能对激光雷达知晓不多，实际上，激光雷达以极高的时域、空域、频域分辨率和抗干扰能力，在火力控制、精确制导、目标识别、飞行器测控等军事领域，获得广泛的应用。

其实激光雷达的结构与功能与微波雷达相似，都是利用电磁波先向目标发射一个探测信号，然后将其回波信号与发射信号作比较，获得目标的有关信息，诸如位置（距离、方位、高度）、运动状态（速度、姿态）等，从而对飞机、导弹等目标进行探测、跟踪和识别。但激光雷达与微波雷达相比，由于激光的波长比微波短3~4个量级，且有波束窄、方向性好、相干性强等优点，因此激光雷达具有以下优点：一是测量精度高，比一般微波雷达高几个数量级；二是分辨率高，即角分辨率高，能精密分析目标，并可同时或依次跟踪多个目标；速度和距离分辨率高，采用远距离多普勒成像技术，可获取运动目标的清晰图像；三是抗电磁干扰能力强，隐蔽性好。光波不受无线电波干扰，激光雷达可在电子战环境中正常工作；光波能穿透等离子体鞘与核爆区，可跟踪测量再入弹头；激光波束窄、方向性好，仰角工作时对多路径效应不敏感，能跟踪超低空飞行目标，并且隐蔽性好；四是在功率相同的情况下，比微波雷达体积小、重量轻。激光雷达因其独特的发射、扫描、接收和信号处理方式在军事上得到广泛运用。

空间监视，激光雷达在空间具有精确跟踪和高清晰度成像的能力。高性能的二氧化碳激光监测传感器是一种高能量、宽频带、相干式激光雷达，能够提供高精确度的目标位移跟踪信息，并能测出敌方宇宙飞船的尺寸、形状和方向。美国空军自1969年开始，在毛伊岛建造空间目标光学观测站，先后建成了孔径为1.2m、1.6m、3.67m的光电望远镜、孔径为1.6m的深空光电探测系统、孔径为0.82m的光束定向跟踪器和孔径为0.6m的激光光束定向器，为掌握空间态势提供了大量有价值的目标信息。

海上探雷，成像激光雷达是探测水下目标的一种有效工具，其原理是使用激光光能探测水中目标。用于探雷的激光雷达还具备自动目标探测、分类和定位等功能，能够迅速探明海上水雷。

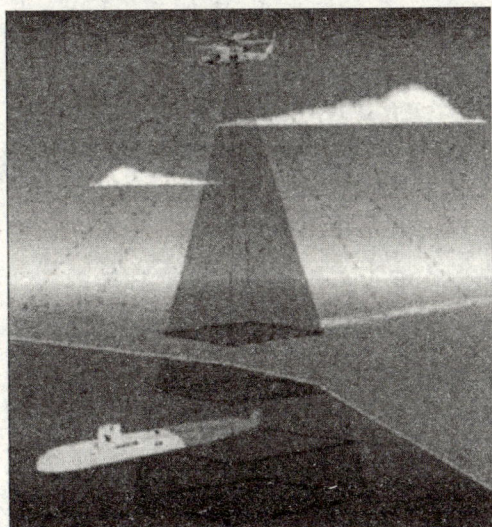

机载激光雷达探测效果图

跟踪识别，20世纪70年代以来，外军着重研制与武器配套的非合作测量激光雷达，用于导弹制导、空中侦察、航天器与再入飞行器的跟踪识别等。如美国导弹精密跟踪与制导激光雷达，主要用于舰载火控系统，跟踪反舰导弹，还可用于空对空导弹制导，迎头攻击来袭的飞机。考虑到反舰导弹截面积小，海面大气对激光衰减大，激光雷达采用瞬时窄视场方案。激光雷达用于近距离主动或半主动导弹制导时，发射机采用波导CO_2激光器。雷达作用距离3500米，测速范围0.8~2.5码。

大气监测，激光雷达用于化学毒剂侦测和气象观测，其灵敏度比现有设备都高。激光侦测化学毒剂设备，是激光雷达技术与光谱技术相结合的产物。它探测灵敏度高，能远距离、实时测量化学毒剂的种类及其浓度随时间和空间连续变化的详细情况，并将测量结果以图形显示出来。激光侦测系统一般采用灵敏度很高的外差探测差分吸收法，其原理是：每种毒剂分子都具有特定的吸收光谱，激光发射机同时发射两种不同波长的激光，其中一种波长的激光被待测毒剂分子吸收，而另一波长的激光完全不被它吸收。两种不同波长的激光同时通过待测毒剂扩散的区域，由于大气悬浮粒子的散射，产生后向散射信号。接收机收到这种回波信号，在探测器上它与本振光混频，产生的中频信号经放大输入数据处理线路或直接显示。被待测毒剂分子吸收过的激光回波信号与未被毒剂分子吸收的激光回波信号之差，就是待测毒剂吸收程度，亦即毒剂分子浓度的直接测量。调谐激光波长，就可识别不同种类的毒剂。如美国区域侦毒 CO_2 激光雷达系统，它可安装在固定的遥测站，探测沙林、棱曼、糜烂性毒气等化学战剂，确定其浓度和扩散方向。美国空军要求其作用距离大于 1.6 千米。该系统以差分吸收方式工作时，探测、识别各种汽化物和小的悬浮粒子，以差分散射方式工作时，探测、区分大的悬浮粒子。

指挥引导，这种激光雷达可用于航天器对接、会合的精确制导，卫星对卫星的跟踪、测距和高分辨力测速，以及用于地形和障碍物的回避等。如美国激光障碍物和地形回避警戒系统。它主要安装在直升机、固定翼飞机上，用于地形和障碍物回避，多普勒导航、悬停以及武器火控，也可用于巡航导弹制导和坦克等兵器的火控系统。其最大特点是有一个程序可控、多调制方式的 CO_2 激光器，能发射 7 种不同调制波形。在障碍物和地形回避中，采用脉冲外差探测，直升机防撞激光雷达能达到作用距离 400 米，分辨直径 1.4 毫米的电线。在多普勒导航中，用频偏零拍探测，它的作用距离 1000～10000 米，速度分辨力为 0.01 米/秒。

【点评】激光的波长较短，比微波还要短 3～4 个量级，且有波束窄、方向性好、相干性强等优点，在复杂电磁环境条件下，其作用与地位正日益受到各国军方重视。

雷达规避技术：认识雷达的"盲区"

演兵场上，红蓝双方激烈对抗，蓝方雷达兵高度关注着雷达显示屏，以防红军空袭，正当此时，防空警报却陡然响起，雷达上没有显示，红方的战机怎么就来了呢？要弄明白这个理，还得从雷达的盲区说起，认识了雷达的盲区，也就知道红方战机是怎么规避蓝方的监视雷达的了。

雷达是有名的"千里眼"。可是"千里眼"也有"看不到"的地方。请看：一架在 12000 米高空飞行的飞机，距离雷达 400 千米，雷达就已经看到了。但是，同样是这架飞机，高度在 200 米，距离雷达站 50 千米时，雷达却发现不了它。如果飞行高度只有几十米，雷达就更加看不到了。还有一种情况就是，我们肉眼已经看到了飞机，耳朵也听到了飞机的轰鸣声，飞机已经快飞到我们头顶上了，但是雷达却看不见。原来，雷达是个"远视眼"，眼皮底下的东西反而看不见。

这些雷达看不见的地方，就是雷达的盲区。前一种是低空盲区，后一种是顶空盲区。这些盲区是怎样造成的呢？造成低空盲区的一个原因是因为地球表面是球形的，愈远它愈往下弯曲，有一个无法避免的弧线。而电磁波与地球表面就形成一条切线，切线以下便成了雷达的盲区，什么东西也看不见。另一个很重要的原因是，由于地面或海面对电磁波有反射作用。当雷达发射的电磁波到达地面或海面时，它们就会把电磁波反射回来，这种反射回来的电磁波与投向地（海）面上的电磁波碰到一起后会相互抵消，使地（海）面的一定范围内基本上没有电磁波的存在，或只存在相当微弱的电磁波。因此，在这一超低空范围内，就形成了雷达的盲区，利用这个盲区进行超低空飞行的飞机，雷达自然也就看不见了。

顶空盲区完全是人为造成的，当某一种雷达设计定型后，这一

第二章　军事侦察监视技术

弱点就存在了。原来，这个弱点多发生在远程警戒雷达身上。远程警戒雷达的主要任务是要看得远，因此，天线的角度一般较小，发射出去的电磁波主要是集中能量向前"看"，形成超视距，而不是向上"看"，这样，飞得很近的飞机即使到了头顶，雷达也可能看不见，也就形成了顶空盲区。

俄罗斯 30N6E1 搜索雷达车

红方的战机正是利用雷达的盲区来完成突袭任务的，这也叫雷达规避技术。那么是不是雷达就无可奈何了呢？当然不是。对于雷达低空盲区这个弱点，一般要采取两部或多部，乃至高空预警雷达和地面雷达相互弥补的办法来克服。只要雷达位置配置合理，对一部雷达来说是盲区的地方对另一部雷达就不一定是盲区了。所以，在一些重要的空防地区，往往采用多部雷达构成的雷达网来减少雷达盲区。但由于地球表面是球形的，这种盲区只能减小，不能完全消除，只要合理利用，突防的机会还是有的。对于顶空盲区的存在来说，不是技术上的原因，只要把雷达天线向上仰起来，或者改变一下雷达天线的结构，这个问题就可以解决。

【点评】雷达的低空盲区、顶空盲区，有的情况下可以克服，有的则无法避免，在作战时，既可以利用雷达不可克服的盲区进行突防，一举摧毁敌人目标；同时，也可以通过雷达合理的配置，使雷达盲区减小到最低程度，让敌人无隙可乘。

相控阵技术：雷达发展史上的里程碑

20 世纪 50 年代末期，随着射程远、速度快、特征小的洲际导弹的出现，常规的机械扫描雷达已经不能适应国土防空的需要。于是在 60 年代，多功能、高性能的相控阵雷达应运而生。目前，相控阵雷达技术已经逐步走向成熟，广泛地应用于地面远程预警系统、航空（天）侦察监视系统、地面和机（舰）载防空系统与火控系统以及战场炮位侦察雷达系统等各个军事领域。

相控阵雷达又称作相位阵列雷达，是一种通过改变雷达波相位来改变波束方向的雷达，因其以电子方式控制波束而非传统的机械转动天线面方式，故又称电子扫描雷达。

相控阵雷达具有相当密集的天线阵列，任何一个天线都可收发

"爱国者"导弹的 AN/MPQ 相控阵雷达

雷达波。以天线单元为单位形成区块，扫描时，选定其中一个区块或数个区块对单一目标或区域进行扫描，使整个雷达具有可同时对许多目标或区域进行扫描或追踪的功能，形如多个雷达的集合。由于相控阵雷达采用电子控阵的扫描方式，和机械转动的传统雷达相比，资料更新率得到了大大的提高。资料更新周期也由秒或十秒级上升为毫秒或微秒级，在对付高机动目标时，具有极大的优势。此外，相控阵雷达还可发射窄波束，因而也可充当电子战天线使用，如电磁干扰甚至是构想中发射反相位雷达波来抵消探测电波等。

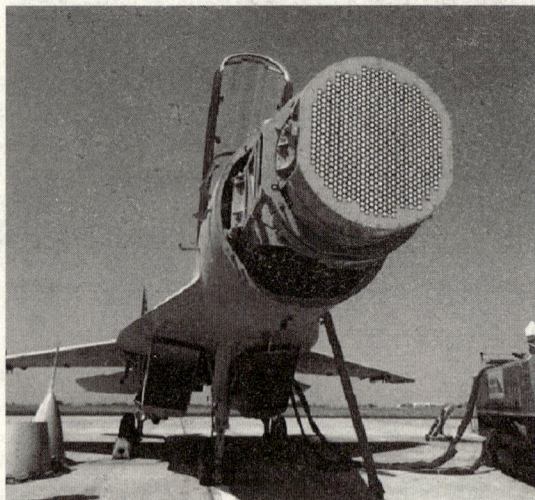

机载相控阵雷达

和依靠雷达天线转动实现扫描的机械雷达相比，相控阵雷达具有很多明显的特征：（1）天线固定，不需要转动，相控阵雷达的天线不需要转动，尺寸可以做得很大，目前地面相控阵雷达天线长几十米至上百米，宽十几米至几十米，探测距离可达数千公里。（2）波束可多可少，便于对付多目标，相控阵天线阵可以根据需要同时形成多个（或一个）独立的波束，各个波束具有不同的功率、波束宽度、持续时间、重复频率，各波束可分别或统一控制。有的波束可作一般搜索、有的可作重点搜索，有的可用于跟踪，具有多功能和对付多种（个）目标的能力。目前，大型相控阵雷达可同时搜索1000个以上目标或同时跟踪几百个目标。（3）波束扫描速度快，反应时间短，波束扫描与天线转动无关，主要由移相器的开关时间和波束控制信号的形成时间决定，波束可在几微秒内指向预定方向，比天线需要机械转动的雷达要快100万倍以上。（4）辐射功率大，探测距离远，相控阵雷达可使用与天线辐射单元一样多的发射机，成千上万个发射源合成输出的总功率比单部发射机的功率大得多，可达十几兆瓦甚至几十兆瓦，加之使用较大的天线，所以探测距离可达几千公里以上。（5）工作可靠性高，天线阵中相同的辐射单元、发射机和相关电路很多，即使其中的部分元件损坏，对雷达性能的影响也不大。如有10%的辐射单元损坏，只相当天线阵上的一块小阴影。部分发射机损坏，也不会严重影响雷达工作，并且可以边工作边排除故障。（6）抗干扰能力强，相控阵雷达波束的多少、形状、指向以及脉冲重复频率、脉冲宽度等都可以根据目标的复杂程度和威胁情况灵活变化，可在单部雷达中综合运用单脉冲、频率分集、频率捷变、副瓣抑制等技术，具有很强的抗干扰、抗反辐射导弹和反隐身能力。

雷达的应用是通过波束来实现的，这也是理解相控阵技术的关键。波束，实际上是一种比较形象的说法。天线发射或接收信号时所形成的诸如"笔形波束""扇形波束"等并不是在空间中真实地存在，事实上是在不同的方向随着信号放大倍数的不同（倍数大时，我们称其为增益），形成了一个信号增益与方向的关系曲线。而相控阵技术就是一种通过控制阵列天线各个单元的相位和幅度，以便形成在空间满足一定分布特性的波束，并且能够改变其扫描指向的技术。相控阵技术通过计算机控制波束的形成和扫描，达到单元相位的改变，从而使波束的指向、形状和个数等很快地改变。

相控阵雷达的天线阵面具有多个辐射单元和接收单元，也就是所谓的阵元。这些单元有规则地排列在平面上，构成阵列天线，利用电磁波相干原理，通过计算机控制馈往各辐射单元电流的相位，就可以改变波束的方向进行扫描，故称为电扫描。辐射单元把接收到的回波信号送入主机，完成雷达对目标的搜索、跟踪和测量，每个天线单元除了有天线振子之外，还有移相器等必需的器件。不同的振子通过移相器可以被馈入不同相位的电流，从而在空间辐射出不同方向性的波束。天线的单元数目越多，则波束在空间可能的方位就越多。这种雷达的工作基础是相位可控的阵列天线，"相控阵"由此得名。

相控阵雷达虽然不能像其他雷达那样依靠旋转天线来使雷达波束转动，但它自有自己的"绝招"，那就是使用"移相器"来实现雷达波束转动。相控阵雷达天线是由大量的辐射器（小天线）组成的阵列（正方形、三角形等），辐射器少则几百，多则数千，甚至上万。每个辐射器的后面都接有一个可控移相器，每个移相器都由电子计算机控制。当相控阵雷达搜索远距离目标时，虽然看不到天线转动，但上万个辐射器通过电子计算机控制集中向一个方向发射、偏转，即使是上万公里外的洲际导弹和几万公里高的卫星也逃不过它的"眼睛"。如果是对付较近的目标，这些辐射器还可以分工负责，产生多个波束，有的搜索、有的跟踪、有的引导。

相控阵雷达分为有源（主动）和无源（被动）两类。其实，有源和无源相控阵雷达的天线阵相同，二者的主要区别在于发射/接收元素的多少。无源相控阵雷达仅有一个中央发射机和一个接收机。发射机产生的高频能量经计算机自动分配给天线阵的各个辐射器，目标反射信号经接收机统一放大，这一点与普通雷达区别不大。有源相控阵雷达的每个辐射器都配装有一个发射/接收组件，每一个组件都能自己产生、接收电磁波，因此在频宽、信号处理和冗度设计上都比无源相控阵雷达具有较大的优势。正因为如此，也使得有源相控阵雷达的造价昂贵，工程化难度加大。有源相控阵雷达最大的难点在于发射/接收组件的制造上，相对来说，无源相控阵雷达的技术难度要小得多。

【点评】军事技术的每一次进步都将给世界军事带来新的变革,相控阵雷达的诞生与应用具有划时代的意义,相控阵雷达已经成为当今雷达的发展主流,美国 F-22 隐形战斗机、瑞典"瞄准手"防空预警雷达、以色列"箭"2 导弹防御系统、俄罗斯"凯旋"S-400 最新型防空导弹系统都采用了有源相控阵雷达技术。

合成孔径技术:飞行器的"鹰眼"

在北约空袭南联盟的大规模军事行动中,大约动用了 50 多颗卫星在太空助阵,其中 2 颗"长曲棍球"雷达成像侦察卫星最为耀眼,这种卫星是目前世界上唯一的一种军用雷达成像侦察卫星,星上的关键设备是高分辨率合成孔径雷达,它能克服云、雾、雨、雪和黑夜等限制,实现全天候、全天时侦察,其探测目标的真实性、准确性、可靠性是普通雷达所不能比拟的,素有飞行器的"鹰眼"之称。

在军事上,合成孔径雷达较之其他空中侦察平台所使用的雷达有着明显的优势,其主要特点如下:一是具有全天候、全天时的侦察能力。当雷达工作于 X 波段时,可在云、雨、雾和烟尘环境下获得清晰的目标图像。二是具有探测地下目标的能力。当雷达工作频率为 20～90 兆赫时,它可以探测到一定厚度植被中的目标,还可确定地面以下 5～10 米深处的地道、加固的掩蔽所通道和地下管道等目标。三是具有一定识别伪装的能力。当雷达使用多种工作模式,即使用不同的极化方式、不同的波束入射角、不同的观测次数和测绘走向对同一目标观测时,可获得几种图像,加以分析判读,从而鉴别出目标的真伪。四是具有较强的生存能力。雷达具有多种工作形式，自身被发现的可能性很小。星载合成孔径雷达还可在不飞越敌方阵地的情况下侦察到对方纵深 100～200 千米内的目标。五是具有动目标显示能力。合成孔径雷达不仅能对地面（海面）固定目标进行探测，而且能够监视和跟踪地面移动目标（如坦克）及低空飞行的目标（如巡航导弹）。六是具有先进的雷达成像技术。用该雷达获得的目标图像与空中高分辨率照相的效果相近，其图像分辨率最高可达 0.3 米，是目前雷达成像技术的最高水平。七是具有信息快速处理能力。该雷达在获得信息后能将数据在飞机或空间飞行器上进行实时处理，也可通过高速数据传输系统发送到地面站进行处理。

那么什么是合成孔径呢？在光学仪器中，孔径是指物镜的直径。它的大小决定透光量的多少。雷达波是经过天线辐射出去或接收进来的，天线就相当于光学仪器的物镜，孔径越大，辐射和接收的雷达波能量越大，雷达的作用距离就越远，分辨率就越高。合成孔径雷达是利用雷达与地面目标的相对运动，即"多普勒效应"，把尺寸较小的真实天线孔径，通过数据处理的方法，合成较大等效天线孔径的雷达。下面以星载合成孔径雷达为例来介绍其工作原理。目标角度分辨率是衡量雷达性能优劣的重要标志，那么要想提高角度分辨率，就必须使雷达波束宽度变窄，而根据波束宽度的近似公式 $\theta = 0.5\lambda / nd$（d 为天线间距，n 为天线数目，nd 为天线孔径，λ 为雷达发射电磁波的波长）可知：雷达发射的电磁波波长是一定的，那么波束宽度与天线孔径成反比，当天线间距一定时，天线数目越多，天线孔径就越大，即波束变窄。然而对于一个飞行器来说，建立如此大的天线阵显然是不可能的，解决这个问题的方法是将运动平台，比如卫星上的天线，只作为天线阵中的一个单元天线，当卫星以一定的速度飞行时，将经过 1～n 个位置，如能把卫星在 1～n 个位置时接收到的目标信号振幅和相位存储下来，当经过第 n 个位置后，再把以前存储的信号提取出来，同时相加和处

"掠夺者"无人机上的合成孔径雷达

理，这样就等效为孔径为 nd 的天线，从而使波束宽度变窄。因为这不是一个实际的天线孔径，而是人工合成的等效孔径，所以称为合成孔径。

合成孔径的概念始于 20 世纪 50 年代初期。50 年代末，美国研制出第一批可供军事侦察用的机载合成孔径雷达。60 年代中期，军用合成孔径雷达技术推广到民用，成为环境遥感的重要工具。70 年代后期，卫星载合成孔径雷达技术取得进展。80 年代，星载合成孔径雷达和数字图像实时处理技术投入实际应用。在海湾战争中发挥重要作用的美国 E-8 侦察飞机就装备有合成孔径雷达，具有探测地面活动目标的能力。目前最先进的合成孔径雷达侦察卫星是美国的"长曲棍球"雷达成像侦察卫星，首颗卫星是 1988 年由美国"阿特兰蒂斯"号航天飞机发射升空的，星上带有 SIR - D 型合成孔径雷达，它有多种工作频率（L、C、X、K 波段）、多种极化方式、多种入射角、不同的观测次数和走向，并能获取同一种目标的几种图像，其地面分辨率为 0.3 ~ 1 米，具有全天候、全天时实时数据处理能力，并能探测地下隐蔽目标，最初目的是用于跟踪华约装甲部队。第一颗已于 1997 年 3 月按指令脱离轨道。第二颗于 1991 年 3 月发射，第三颗于 1997 年 10 月 23 日从范登堡空军基地用"大力神 4"火箭发射升空，第四颗于 2000 年从范登堡空军基地发射。"长曲棍球"卫星参加了对伊拉克、南联盟的军事侦察。目前，在天空运行的合成孔径雷达还有欧空局的 Envisat 卫星系统，2002 年 3 月 1 日发射，所载的 ASAR 有成像模式、交替极化模式、宽测绘带模式、全球监视模式和海浪测量模式 5 种工作模式，ASAR 采用有源相控阵天线，具有不同的入射角和高中低空间分辨率成像能力，并结合了多极化和测绘带宽度可变能力，从而可获得更多信息，成像质量、覆盖范围和重访时间得到明显提高，在 VV 或 HH 极化模式下，测绘带宽度为 100km 时，空间分辨率为 28×28。日本的 ALOS-1 系统，2006 年 1 月 24 日发射升空，为太阳同步轨道卫星，轨道高度 700km，倾角为 98°，主要用于地图绘制、区域性观测、自然灾害监视和资源勘测，它采用了先进的地面观测技术，是世界上最大的地球观测卫星之一，在扫描 ASAR 模式下，测绘带宽度为 250～350km，分辨率为 100m。

【点评】天候，如云、雾、雨、雪、夜等自古就是侦察系统的"天敌"，但合成孔径技术的应用将彻底使现代侦察卫星具有全天候和全时域作战能力。

雷达侦察技术：反雷达

大家都知道，雷达是探测高手，能超视距发现敌方的飞机、舰艇和来袭导弹。但强中更有强中手，雷达侦察技术就能捕捉到雷达发出的信号，对其迅速定位，并引导战机或导弹对其进行摧毁。

雷达侦察技术的工作原理是这样的，雷达侦察设备不像雷达设备接收的是微弱的自目标散射回来的回波信号，它接收的是雷达发射的电磁波，因此作用距离远比雷达作用距离远，一般侦察距离为雷达作用距离的 1.5 ~ 2 倍。因而由雷达侦察设备组成的情报网的预警时间长于雷达情报网。雷达侦察设备可测量雷达信号的诸多参数，从获取目标的多维信息中可识别各类平台的类型及其对自身的威胁程度。雷达侦察属于无源探测技术，不易暴露，具有隐蔽性好的特点，在战场上可作为火力侦察，让敌雷达暴露目标。由于雷达侦察的作用距离远，可用来监视敌远程导弹的发射。近年来，随着无源探向定位技术的发展，电子战情报侦察系统的效能日益明显。这类侦察设备可与雷达联合组网，取长补短，配合作战，在战场上是非常有用的。不过，雷达侦察遇到和它一样"沉默"的对象时，就无计可施了。对方雷达不开机发射电磁信号，雷达侦察只能静静地等。

雷达侦察有非实时的战略侦察和实时的战术侦察两类。通常雷达侦察机由天线系统（全向天线、定向天线）、测向接收机、测频接收机、信号预处理器和主处理器、显示器、记录器、信号控制器组成。天线接收系统的功能是截获雷达信号和进行信号的变换，将变换后的数字信号送至信号处理系统。侦察设备为实现 100% 的截获概率，其天线接收系统在频域上应具有宽、瞬时、精确的测频能力，为适应对密集信号和复杂信号的分选、分析和识别，信号分选技术一般采用时域参数分选，时域、频域多参数分选和空域、频域、时域多参数分选，即单参数分选、多参数分选和多参数综合分选等多种分选模式。在各种信号分选模式中对雷达重复频率的分选（时域分选）是各种信号分选的基础，它可用逻辑电路的硬件分选来实现，也可用微处理机、计算机的软件分选来实现。一般硬件分选电路简单，并且有实时性，但信号密度不宜过高，而软件分选可适于较高密度的信号环境。计算机分选都需要在单个脉冲的数字描述基础上进行分选，在分选前要进行预处理。对信号流进行解释。即对每个脉冲进行到达时间、脉宽、脉幅、载频、到达方向等参数的相关处理，形成单个脉冲的数字描述字。侦察系统要在有限的时间内从多个辐射源重叠的信号环境中分选，识别出各辐射源的特征参数，然后在每个特征参数的多维空间坐标中用参数估计时，根据不同的给定条件和多种最佳估计准则识别辐射源信号，得出信号参数的最佳估计值，从而产生关于各个雷达源的情报。这时电子侦察整个过程算是完成了。

雷达侦察一项重要任务就是测向，即确定目标在哪个方向。通常有搜索法测向和非搜索法测向。其中，前者又分为机械搜索和电控搜索两种方法。电控搜索是一种通过控制天线阵元的电流相位来形成波束转动的搜索方法，即相控阵天线搜索，这种方法宽带移相器成本高。在机械搜索测向法中有一个方位截获概率和方位搜索时间，这种测向法一般应用于非实时的战略侦察系统中，对实时的战术侦察采用非搜索法测向。

非搜索测向侦察设备不进行方位搜索，应用多个独立天线产生多个独立毗邻的波束，通过相邻波束接收同一个信号的相对幅度分布来确定雷达所在方位，称此为全向单脉冲测向技术。这种瞬时测向技术可用信号在不同空域出现来稀释信息流。在此法中为提高测角精度和角分辨率，必须增加天线数目和接收机信道，使设备变得笨重复杂。在实时战术侦察中常用的是四信道、八信道比幅法测向。这是自卫用的雷达告警设备通常的测向方法。在电子信号侦察实时侦察测向系统中采用测向精度较高的相位干涉仪测向基本工作原理。

当然，要想反雷达，仅知道信号来的方向还不够，还要确定信号源的位置，称为定位。雷达侦察无源定位一般有以下几种方法。

一是单点定位法。电子侦察机和侦察卫星一般应用此法来测向定位。该法有飞越目标定位法和方位/仰角定位法二种。其定位精度与距离、高度及波束宽度有关。

二是多站点交叉定位法。通过高精度测向设备，在两个以上

（一般三站）的观测点对雷达测向，各位置的交叉点即为雷达的地理位置。交叉定位的缺点是，在多辐射源情况下存在虚假定位，为减少虚假定位，采用多站定位或多次观测。同时还应设法稀疏信号环境，提高侦察设备的信号分选识别能力。

三是时差定位法。时差定位技术很复杂，具有很高的潜在精度，该法可用于自瞄准系统进行武器发射，以对付只辐射单个脉冲的辐射源。测时差定位法是一种双曲线导航的逆置，故称"反罗兰"系统。将双曲线导航系统的发射与接收调换位置，便是无源测时差定位系统。设有 A、B、C 三个侦察站，对 M 点辐射进行定位。由 A、B 两站测得 M 发出的信号到达的时间差可以确定某一根双曲线，由 B、C 两站信号到达的时差再测得另一根双曲线，两根双曲线的交点就是辐射源 M 的位置，从而实现对辐射源定位。

【点评】雷达自诞生之日起，就有恃无恐，凭借其超视距发现能力成为飞机、导弹及舰艇的"杀手"，但雷达侦察技术的出现，却可能将各种侦察雷达陷入水深火热之中，雷达之间的对抗已成为现代战争中的重要作战样式。

水声探测技术：令"水下幽灵"现身

潜艇在第二次世界大战中一举成名，德国潜艇的"狼群"战术至今让世人记忆犹新，成为各种教科书的经典范例，世界各国都很注重潜艇的发展，具有"水下幽灵""深海隧洞"之称的潜艇越来越多。那么潜艇就是水中的王者了吗？其实并不是，水声探测技术就能使"水下幽灵"现身。

要想了解水声探测技术，还需要首先知道声音在水下传播的特点。（1）透射与绕射，透射是人所共知的一种物理现象。海洋中的声波遇到比较薄的障碍物就透过去，形成透射。在水声探测设备应用中，为减少海水介质直接对换能器（一种既能把电能转换成声能又能把声能转换成电能的装置）的影响，通常在换能器外面加上一层流线型的不锈钢导流罩，因而不管换能器处于发射或接收状态，声波同样能透过导流罩发送出去或进行接收。绕射是声波遇到尺寸比它的波长小的障碍物就绕过去。若障碍物的尺寸比波长小得多，则绕射现象就非常显著，反之绕射就减弱。根据绕射的这种特性，当水声探测设备的频率一定时，就可以方便地探测水下目标的尺寸。（2）反射与折射，反射是声波遇到不能透射的障碍物，其尺寸又远大于它的波长时，便调头返回来。声呐（尤其是主动声呐）主要是利用这一特性。声波在海水中传播时，如果海水分子分布均匀，上下左右传播速度也都一样，它走的就是直线。如果海水温度不同、含盐量不同或水的压力不同，它就会转弯，发生折射。使声波产生折射的主要因素是海水的温度。（3）散射与混响，声波在传播过程中遇到不均匀的物质（如气泡、悬浮粒子、浮游生物、鱼群、水层、水团、海底山脉等）时，部分声能就会偏离原来的路径转向其他方向形成散射。这些散射波一部分先是从声源附近的散射体传回接收点，后再由远处的散射体传回接收点。这样在接收点就陆续传来了强度逐渐减弱的连续散射回波，于是就形成了混响。混响是一种干扰，它和目标回波混在一起，难以分开，大大影响了水声设备对目标的辨别能力，掌握并利用这一特性，对于研究水声对抗，探索抗混响措施是非常重要的。（4）衰减，声波在海洋中的传播同在空气中的传播一样，从一点传到另一点时，其强度将随距离的增加而减弱，甚至会消失。这种现象称之为声波的传播衰减。造成这种现象的主要原因是声波的扩展损失，海水的吸声作用，反射、折射与散射。（5）声道，在海洋中，由于声速随温度等因素的变化而形成一种声速梯度，并分为负梯度（即声速随海洋深度的增加而减小）和正梯度（即声速随海洋深度的增加而增大）。而在负梯度和正梯度之间的交界处称为声道轴，它也是声速传播最慢的轴线。在这声道轴上下的一定宽度上，存在一层能供声波远程传播的特殊通道，即声道。当声波的传播恰好进入声道时，部分声线就始终沿着声道向上、下折射，转弯前进，声波传播速度虽然较慢一些，但因声能衰减最小，可以传到很远的地方。声波的这一特性为水声探测设备提供了天然的、可利用的良好条件。

目前所使用的水声探测设备都是根据以上特性研制而成的。水声探测设备在侦察时，捕捉、接收水声信息，将水声信号转换成电信号，经放大处理后由显示控制台显示和提供听测定向。水下探测设备种类较多，如水下电视、磁探测仪、气体分析仪、红外设备等。这些设备虽然各有长处，可是却存在一个共同的特点：观测距离比较近，有的十几米，有的几十米，几百米，一般都不超过一千米。对于人们所熟知的各种辐射形式中，以声波在海水中的传播为最佳。利用声波对水下潜艇的探测距离可达几海里到十几海里，甚至可达上百海里。因此，声呐这种水声探测设备便成为主要的水下侦察手段。

声呐是利用水声传播特性对水中目标进行传感探测的技术设备。用于搜索、测定、识别和跟踪潜艇和其他水中目标，进行水声对抗、水下战术通信、导航和武器制导，保障舰艇、反潜飞机的战术机动和水中武器的使用等。

主动声呐，也称"回声声呐"或"回声定位仪"，是主动发射水声信号并从水中目标反射回波中获取目标参数的各种声呐的统称。大多数水面舰艇声呐、航空声呐、潜艇攻击声呐，各种探雷声呐和导航声呐等均属主动声呐。主要用于对水下潜艇、水雷等水中目标的搜索和定位，也用于潜艇的鱼雷攻击和导航等。由发射和接收换能器基阵（大多采用收发合一基阵），发射、接收、终端显示、控制等分机或系统构成。在控制系统的控制下，发射机的信号发生器产生电信号，经移相网络、功率放大，产生一组具有适当关系和一定功率的电信号，驱动发射基阵阵元，变换成声能并形成单个或多个声波束向水中发射。转动发射基阵或调整各基阵元之间相位关系，使波束在一定范围内旋转扫描，以搜索水中目标。当目标受到声波束的照射，产生回波并返回接收基阵时，连同海洋噪声和混响，由接收换能器变成电信号进入接收系统。经波束形成、动态范围压缩和归一化等信号处理，从较强的干扰背景中检测出目标信息，再经信号的后置处理，输入终端显示系统对目标及其参数进行显示判别和测定。主动声呐由对准回波的接收波束指向性轴测定目标方位，按发射时刻与回波至接收基阵的时间差得出目标距离；从发射信号与回波信号的频率差（多普勒频移）测出目标的径向速度；有时主动声呐还可以测出目标所处的深度（俯仰角）。

被动声呐，亦称"噪声声呐"，是通过接收和处理水中目标发出的辐射噪声或声呐信号，获取目标参数的各种声呐的统称。潜艇用于警戒、被动测距和水声侦察的声呐，某些海岸声呐和航空声呐浮标，以及水面舰艇拖曳列阵声呐，均属被动声呐。有些主动声呐也兼有被动工作方式。主要用于发现和判别水下目标噪声，测定其方位（距离）和螺旋桨转速（用以估计目标航速），侦测对方声呐等水声设备发射的信号参数和方位等。主要由接收换能器基阵、波束形成、信号处理和终端显示等设备构成。水中目标噪声由接收基阵接收并变换成电信号，与波束形成网络相配合，形成单个或多个指向性波束并在空间旋转搜索，接收后的信号经宽带或窄带处理、放大输入终端显示设备供声呐员听测和判别。多波束接收用于对目标的搜索和发现，单波束用于对目标的跟踪。信号的宽带处理有利于对目标的发现和判别，窄带处理有利于对目标跟踪、定向和线谱检测。

声呐种类繁多，根据使用对象的不同，可分为水面舰艇声呐、潜艇声呐、航空声呐和海岸声呐等。

水面舰艇声呐，装备于大、中型水面战斗舰艇、猎潜艇、反水雷舰艇和某些勤务舰艇。主要用于搜索、识别、跟踪潜艇，保障对潜艇实施攻击，探测水中障碍，与己方潜艇进行水声通信，对敌方的鱼雷攻击进行警戒或诱惑。水面舰艇上往往装有几种不同类型的声呐，如远程搜索目标的搜索声呐，精确定向和测距的射击指挥声呐，探测水雷的探雷声呐，测量海水深度的测深声呐，侦察对方声呐以及能够判明敌我的侦察识别声呐，与己方潜艇进行水下通信联络的通信声呐等。为了监视高航速低噪声的核动力战略导弹潜艇，有些水面舰艇还装备了反潜预警用的拖曳线列阵声呐系统，这种系统的水听器组装在拖缆上，组成长达数百米的线阵，由舰船拖曳于尾后，当拖带舰艇低速航行时，据称其发现距离可达数百海里。

潜艇声呐，主要用于搜索、识别、跟踪水面舰船和潜艇，保障鱼雷、深水炸弹和战术导弹攻击，探测水雷等水中障碍，进行水下战术通信和导航。潜艇上通常装有多种类型的声呐。如噪声测向仪、回声定位仪、侦察仪、探雷器、水下敌我识别器、水下通信仪、声速测量仪、声线轨迹仪、测深仪、测冰仪等，构成了一个水声综合系统。此外，有些潜艇还装有水声对抗器材和拖曳式线列阵声呐系统。

航空声呐，亦称"机载声呐"，是用于航空反潜探测的各种声呐的统称。装备于反潜巡逻机，反潜直升机和某些海军水上飞机，对水下潜艇进行搜索、识别、监视和定位，保障航空反潜武器的使用，是航空反潜的主要探测设备。某些扫雷用的直升机，也装有用于探测水雷的航空探雷声呐。航空声呐分吊放式、拖曳式和浮标式三种。（1）吊放式声呐装备于反潜直升机，使用吊放式声呐对潜搜索时，一般采取跳跃式逐点搜索，载机飞临某一探测点，低空悬停，将换能器基阵吊放入水至最佳深度，以主动或被动方式全向搜索，对某一点搜索完毕后，再将基阵提出海面飞向另一探测点搜索。（2）拖曳式声呐，由于高速拖曳时，动水噪声和载机噪声影响严重，过去未曾大量发展。近年来随着拖曳式线列阵的发展，已出现了航空拖曳式线列阵声呐，声呐收放十分方便，阻力很小，搜索效率很高，特别是由直升机拖曳十分理想。（3）声呐浮标，这种声呐是反潜飞机的主要探潜设备。它与机上的浮标投放装置、无线电信号接收机和信号处理显示设备等组成声呐浮标系统。使用时，载机先将浮标组按一定的阵式投布于搜索海区，然后在海区上空盘旋，接收和监听由浮标组发现的经无线电调制发射的目标信息。

海岸声呐，亦称"岸用声呐"，是基阵布设在近岸海底或深海山脉的大型警戒声呐。是固定声呐监视系统的主要组成部分。由换能器基阵、海底电缆和增音机、岸上电子设备及电源等组成。以被动工作方式为主，有的也设有主动工作方式。用于海峡、基地、港口、航道和近岸水域对水下潜艇的警戒和监视，引导反潜兵力实施对潜攻击。海岸声呐隐蔽性好，不受载体自噪声影响，作用距离较远，能长期连续工作；但基阵庞大，海上施工维修复杂，使用上不灵活，设置地点受海区水文地理条件限制。

【点评】随着现代高速数字电子技术引入军用声呐制造工业，使得模拟处理逐渐过渡为数字处理，以人工操作硬件为基础的系统逐渐变成为以自动操作软件为基础的系统。多个独立执行任务的分系统逐渐变成为一个更加统一的由计算机控制的战术系统，声呐技术进入崭新的数字化阶段，声呐的性能和探测可靠性也将发生革命性的变化。

红外侦察技术：现代"火眼金睛"

看过电视剧《士兵突击》的人都知道这么一个情节，主人公许三多为"讨好"班长，在反侦察演习中，为班长揣了两个热乎乎的鸡蛋，谁料就是这两个鸡蛋惹了祸，导致了演习的失败。两个热乎乎的鸡蛋怎么就决定了整个演习的胜负呢？这就要问问红外侦察技术了。

众所周知，温度高于绝对零度的有生命和无生命的任何物体时时刻刻都在发出红外辐射，尤其是坦克、车辆、军舰、飞机等军事装备，由于存在高温部位，往往成为很强的红外辐射源。研究人员正是根据物体的这种性质，研究出了红外侦察技术，使人肉眼原本看不到的东西看到了，因此被形象地称为现代"火眼金睛"。

首先，我们来认识一下红外光是怎么一回事。在 1666 年，科学家们在进行太阳光线分光实验时，发现太阳光线人眼看似白光，其实透过三棱镜折射后就分出红、橙、黄、绿、青、蓝、紫的七色光带。此外还有没有别的光线呢？过了 134 年后，到 1800 年英国天文学家赫谢耳用水银温度表研究太阳光谱各色光热效应时，发现在红光外的光谱中，还有一种"不可见光"，也有热效应，由此就称为红外光线，正式命名为红外辐射。后来，科学家们研究发现，红外辐射是自然界普遍存在的一种能量交换形式，任何物体只要其温度高于热力学上的"绝对零度"时，都在不断地向外放射红外辐射能量。光线本身也是一种电磁波，红外波段正是位于可见光和微波之间，其频谱一般划分是：可见光，从紫光到红光之间，波长范围为 0.36 ~ 0.76 微米；红外光，为 0.76 ~ 1000 微米。红外辐射波段本身的划分并没有统一的标准。传统的划分是分别以 0.76 ~ 3 微米、3 ~ 40 微米、40 ~ 1000 微米作为近、中、远红外波段。在军事领域的探测技术中，由于红外辐射必须经过大气传输到红外接收器件上，因此它是按照三个大气窗口（即 0.76 ~ 3 微米、3 ~ 5 微米、8 ~ 13 微米等三个光谱区），划分为近、中、远红外三个波段的。这种划分对于红外技术在军事上应用具有重大意义。红外辐射具有电磁辐射的各种共同属性，例如，具有直线传播、折射、反射、偏振等规律，传播速度与光速相同。红外辐射同可见光、无线电波的差别仅仅是波长不同。从"光子"理论上讲，红外辐射与可见光、微波、无线电波等的区别，就在于光子的能量大小不同。红外辐射的光子能量要比可见光的能量小，例如 100 微米红外辐射的光子，其能量仅为可见光子能量的 1/200，而微波和无线电波的光子能量比红外光的光子能量更小。这些理论的发展，成为红外理论的基础，并为运用红外辐射这一神奇光能的红外技术的发展，开拓了广阔的前景。

利用物体能辐射热效应这一基本物质客观特性，采取相应的探测技术手段能动地把物体辐射出来的红外光接收过来，加以科学利用，这就要依靠红外探测器。因此，人们把凡是利用红外科学理论指导下研制出来的形形色色现代设备、武器等，都冠以"红外"二字，就是指红外探测器是它的核心部件，有的把红外探测器称为红外仪器的"心脏"，有的称为红外制导兵器的"眼睛"。红外探测器实际上是红外辐射能量的传感器，是一种能将入射的红外辐射信号转变成电信号的输出的器件。历史表明，红外技术的发展是依靠红外探测器技术的发展为先导的。从 20 世纪 40 年代开始，在光学、物理学、化学和空间科学技术的推动下，红外技术中的红外探测手段日趋完善，使夜视、制导、测温、遥感、红外光谱学和远红外加热等方面，由单元开始向多元化的更高层次发展，出现了多元线列多元探测器（一般可多达 128×128 元阵列）、二维焦平面红外探测器等，这就使红外技术的应用跃上了一个新台阶。于是，便出现了红外热成像、红外天体探测、红外微波制导（例如红外制导导弹不仅可追踪飞机尾喷源，还能追踪机翼与空气摩擦所产生的微弱红外信息，成为"全面攻击型"导弹）等更高级的红外系统；同时，红外探测器的响应波长向长波方面延伸，与新兴激光高技术相结合，成为红外—激光雷达、通信等的综合技术，为目标探测提供更高的分辨率和更大的信息量，使红外探测技术这一现代"火眼金睛"更明亮、更夺目。

【点评】红外技术不仅广泛应用于侦察任务，而且在预警、瞄准、制导及隐身等方面都有其广泛用途，已经成为现代武器系统的关键技术之一。

激光照相技术：激光也能照相

1960 年 7 月，美国人研制出了世界上第一台激光器（我国也于次年 9 月研制出了激光器）。激光一出现，便引起人们的极大注意。50 多年时间里，激光技术进展迅速。于今，它已被广泛应用于工业、农业、医疗和科研等许多领域。在军事领域，目前已在使用的有激光测距、激光通信、激光侦察与警戒、激光引爆、激光致盲、激光干扰、激光制导等技术，还有如激光雷达、激光武器等也正在研究开发中。但你知道吗，除了以上这些外，激光还能照相呢。其实激光相机是伴随着激光的出现而出现的，激光扫描相机是 20 世纪 60 年代初随着连续激光器的出现发展起来的。美国是最早研制激光扫描相机的国家，迄今已研制了多种激光扫描相机。其中有的型号曾在越南战争中使用过，效果良好。目前，激光扫描相机已可以做到三维成像。

激光扫描相机是一种可昼夜使用的机载实时侦察设备，其工作原理是用高亮度的激光束扫描、照射地面目标场景，并接收场景反射的激光辐射，产生连续的模拟电信号，然后在显示设备上将电信号还原成肉眼可见的图像，或者用磁带、胶片将图像记录下来。

激光扫描相机一般由激光器、发射机、接收机以及视频信号存储和显示设备组成。激光器是一种高亮度的相干光源，可以发射出会聚性极好、亮度极高的激光束。常用的是砷化镓激光器。发射机由准直光学系统和扫描装置两个基本部分组成。激光器发出的激光经过准直光学系统，成为直径和角发散度符合要求的激光束，以便在地面场景上形成大小适当的激光照明光斑。扫描装置则使激光沿垂直于航向的方向扫描地面。被照明的地面场景反射回的激光，通过接收机的光学系统接收，会聚到光电探测器上，转变成电信号。接收机输出的电信号可以在电视型显示器上显示出来，也可以利用激光图像记录装置记录在胶片上，或者利用磁带录像机记录在磁带上，还可以用无线电发射机发射回地面接收站。激光图像记录装置是一种利用视频信号形成照片的设备，它有一个发射低功率激光束的激光器。这个低功率激光束用于在胶片上进行"记录"。利用接收机输出的电信号，调制"记录"激光束的强度，并使"记录"激光束在移动的胶片上扫描，就将地面图像记录在胶片上了。利用这个装置可以获得高质量的照片。

【点评】激光照相技术无须使用闪光源或其他大面积照明装置，大大提高了侦察飞机的生存能力，是低空战术摄影和夜间摄影的"主力"。

增强现实技术：潜艇"利眼"

虚拟现实技术人们都比较熟悉，现在已经广泛应用于军事教育训练、作战模拟、作战分析研究、作战任务保障与评估、武器装备研制等方面，成为军事高科技发展的重要领域。对增强现实技术可能比较陌生，目前，利用计算机图形技术与计算机视觉技术，以照相机或摄像机获取的像素图像为基础，将虚景与实景相结合来构造用户所需的虚拟环境，已成为虚拟现实技术的发展趋势之一。增强现实技术简称 AR 技术，是虚拟现实在虚实结合方面得到应用的一项技术，是虚拟现实的一个重要分支。增强现实系统借助于计算机图形学、可视化等多种技术，将计算机生成的虚拟环境与用户周围的真实环境融为一体，使用户从感官效果上确信虚拟环境是其周围真实环境的组成部分。该技术能生成现实环境中不存在的虚拟环境，通过传感技术将虚拟对象准确"放置"在真实环境中，借助显示设备将虚拟对象与真实环境融为一体，然后呈现给用户一个感官效果真实的新环境。

增强现实系统有真实与虚拟环境的组合、实时交互、精确的三维定位三大特性。将计算机产生的虚拟物体与用户周围的真实环境进行全方位对准的三维定位技术，是衡量增强现实系统性能、影响其实用性的关键指标。三维定位显示系统并不一定要立体显示器，基于监视器的显示接口、单目系统、通透式头盔显示器等都可以使用。一个典型的增强现实系统通常由虚拟场景发生器、透视式头盔显示器、跟踪用户观察视线的头部方位跟踪设备、实现虚实场景对准的定位设备及交互设备组成。

增强现实技术最早在医学可视化中得到应用，现在已广泛用于复杂机器的制造与维修、军用飞机的导航与攻击瞄准。例如，军用飞机飞行员使用平视显示器和头盔瞄准具，把向量图形叠加在实际世界的飞行图上（即飞行员的视野中），提供基本的导航与飞行信息。这些图形可以对环境中的目标进行定位，或者与武器系统接口来进行瞄准、攻击。现在美国海军正在研究把增强现实技术应用在潜艇成像系统中，构成新一代的潜艇成像系统。

传统上，"潜艇眼睛"主要是指光机和光电潜望镜，而随着增强现实技术的发展，"潜艇眼睛"将逐步被配备光电桅杆的潜艇成像系统所取代。这一技术已经在美国海军的"弗吉尼亚"级攻击型核潜艇上获得了应用，这是世界上第一艘用光电桅杆取代传统潜望镜的潜艇。其成像系统由两根非穿透壳体升降桅杆、多种先进的光电传感器和电子设备、显控台及先进的图像处理软件组成。它利用软件算法提高图像质量，利用信息融合技术进行多光谱图像融合，以获得超高分辨率的图像。整个系统具有自动弦角生成、360°"视场"、图形显示、遥控操作、自动测距、全数字成像、自动目标识别等功能。此外，还可与作战控制系统集成在一起，进行目标管理、辅助导航、获取非战术信息资源、把视频分配到潜艇的视频网络等工作。

　　"弗吉尼亚"级潜艇的成像系统配备了新型的 AN/BVS-1 光电桅杆。它采用先进的图像处理硬件和结构，可生成 360°实时全景扫描图像，对数字图像进行处理、存储、回放，并能利用图像拼接技术提供虚拟的大视场图像。操作人员可以通过手柄转动传感器头部、选择可见光摄像机，进行目标管理或拍摄静止图像。其头部传感器有：红外摄像机、彩色与黑白电视摄像机、红外脉冲激光测距仪、电子视频六分仪、雷达预警/定向天线、全球定位系统和一个单独装在耐压防震盒中的"任务紧急控制"摄像机等。这些头部传感器采集到图像，通过光缆传送到潜艇控制舱里的光电桅杆工作台和指挥工作台。光电桅杆工作台上的显示器可以显示全屏或分屏的视频图像，图像既可以是生动的实时图像，也可以是预先记录的图像或静止的一帧图像。这些传感器能大大提高潜艇针对水面舰艇、飞机和陆上目标的作战效能。

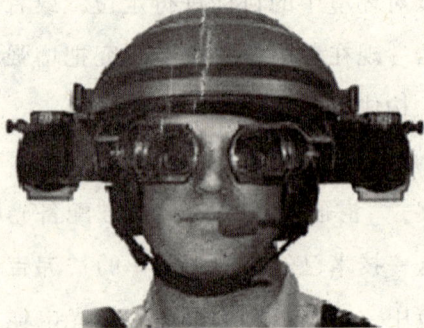

头盔式显示装置

　　成像系统是一种基于视频的增强现实应用原型，主要用于潜艇远距离观测。为显示大视场的视频场景，系统采用两种不同类型的显示装置：第一种是可供艇长使用的手持式虚拟双筒目镜，它用于标注出感兴趣目标的位置，然后供成像系统操作员分析。艇长不在光电桅杆显控台的显示器前时，还可以用这个双筒目镜来快速评估态势。第二种显示装置是头盔式显示装置，成像系统操作员戴在头上以减少周围物体对注意力的分散，系统采用多模交互技术，支持转向和视频数据流分析。

成像系统通过跟踪操作人员的头部运动来控制电机驱动的视频摄像机。视频摄像机的图像利用 PC 机逐帧抓取，这台 PC 机可以把半透明的叠加图形加入到图像中，叠加图像以图形方式标示出了操作人员和摄像机的方位、艇的航向、标记目标的位置和当前的视频来源，然后这种经过"增强"的图像将传送到显示器，它可以把语音控制作为最常用的操作方式。而且，为了对现在的跟踪和显示技术进行评估，运行时可以在惯性跟踪方式和磁跟踪方式间转换，也可以在不同的显示分辨率间转换。

成像系统作为一种样机应用于潜艇成像系统，它所提供的基于增强现实技术的大视场视频显示目镜，可以大大扩展潜艇成像系统操作员的视野，同时可以使操作员产生一种"沉浸"到当前场景中的感觉，从而能够全神贯注地投入作战场景，减少注意力的分散。此外，它还可以使艇长在艇内来回移动的过程中也能随时观察到潜艇成像操作员所看到的场景，给艇长在艇内的活动提供了极大的灵活性和方便性。

另外，增强现实技术还广泛应用于民用领域，如在医疗领域，医生可以利用增强现实技术，轻易地进行手术部位的精确定位；在古迹复原和数字化文化遗产保护中，文化古迹的信息以增强现实的方式提供给参观者，用户不仅可以看到古迹的文字解说，还能看到遗址上残缺部分的虚拟重构；在工业维修领域，通过头盔式显示器将多种辅助信息显示给用户，包括虚拟仪表的面板、被维修设备的内部结构、被维修设备零件图等，在网络视频通信领域，该系统使用增强现实和人脸跟踪技术，通话的同时在通话者的面部实时叠加一些如帽子、眼镜等虚拟物体，在很大程度上提高了视频对话的趣味性；在电视转播领域，通过增强现实技术可以在转播体育比赛的时候实时的将辅助信息叠加到画面中，使得观众可以得到更多的信息，等等。

【点评】增强现实技术可以实现大视场视频显示，除可应用于潜艇成像系统外，还可应用于远距离侦察和安全监视等领域。随着增强现实技术的发展和成熟，它在军事上的应用前景也会愈加广阔。

传感器技术：陆战场上的"暗哨"

战场上的哨兵我们都比较熟悉，有流动哨，也有暗哨，不过我们今天介绍的"暗哨"可不是战士扮演的角色，它是一种地面传感器。

地面传感器具有结构简单、便于携带、易于伪装、不受地形和气候限制等特点，可由飞机空投、火炮发射或人工设置，能够有效弥补雷达和光学侦察系统的不足，从而扩展了战场信息探测的时空范围。正因如此，地面传感器自诞生之日起就受到各国军队的青睐，目前已发展成为一个包括震动传感器、磁性传感器、声响传感器、红外传感器、压力传感器和扰动传感器等在内的大家族。

传感器是怎样扮演"暗哨"角色的呢？

震动传感器，也叫震动探测器，使用最为普遍。它主要是通过震动探头（也叫拾震器）捕捉人员或车辆活动所造成的地面震动信号来探测目标。战场使用时，可采用人工、火炮发射或飞机空投等方式，将其设在地表层，当人员或车辆经过附近时，传感器便将目标引起的地面震动信号转化为电信号，经放大处理后发给监控中心，进而进行实时的战场监测。震动传感器的主要优点有：探测距离远，通常可探测到 30 米以内运动的人员和 300 米以内行进的车辆；灵敏度高，具有一定的目标分辨能力，不仅可区分人为震动与自然扰动，并能辨别人员和车辆；耗电量小，自备电池可使用数月而无须更换；忠于职守，开启后可不中断地进行长期侦察与监视，不会漏掉目标。震动传感器的不足之处在于，其探测距离受地面土质变化影响较大，如果土质硬，探测距离远；土质软，探测距离就近；洼地、沟壕、水溪可以削弱甚至完全破坏震动传感器的探测功能。

越战时照片，左为美军人工投放传感器；中为地勤人员装填布撒器；右为飞机投放

声响传感器，是一种通过对运动目标所发出的声响信号进行接收、处理，实现侦察探测的侦察装置。声响传感器的探测器就是常见的"话筒"，能够把获取的声音信号转变为电信号发送给监控中心，再还原为声音信号，实现对目标的识别探测。声响传感器的最大优点是分辨力强，能准确分辨出人为声响和自然声响，并能根据人的话音，判明其国籍、身份和谈话内容，根据车辆的声响判断其种类。此外，声响传感器的探测范围也较大，可探测到40米以内人员的正常谈话，数百米以内车辆的运动。声响传感器的缺点是耗电量大，在实际使用时，为了能保持较长的工作时间，通常是在人工指令信号的控制下进行探测，或者与耗电量少的震动传感器配合使用，平时震动传感器处于工作状态，而声响传感器关机，一旦震动传感器探测到目标再启动鉴别目标能力强的声响传感器，相互取长补短，配合完成任务。目前，声响传感器的典型代表是美国陆军一种可悬挂在树上的被称作"音响浮标"的传感器，它的探测距离可达300～400米，接近人的听力范围。

磁性传感器，又名遥控电磁传感器，其探测器为一磁性探头。

磁性探头工作时，能连续发出无线电信号，并在其周围形成一个静磁场，当铁磁性金属制品，如步枪、车辆等进入该静磁场时，就会感应出一个新的磁场，对原有静磁场造成干扰，引起磁指针的偏转摆动，产生一个电信号，进而实现对携带武器的人及车辆的探测。磁性传感器鉴别目标性质的能力较强，能区别徒手人员、武装人员和各种车辆；同时，对目标探测的反应速度也比较快，一般为2.5秒，可实时探测快速运动的目标。磁性传感器还有一个突出的特点，就是能适应各种条件下的战场探测，特别是适用于震动传感器难以探测的沼泽、岸滩、水网等地域。磁性传感器的缺陷是探测距离较近，对人员、轮式车辆、履带式车辆的探测距离分别为3～4米、15米和25米。

红外传感器，是一种能够感应目标所辐射的红外线，并将其转换成电信号后进行识别探测的侦察设备，通常分为有源式和无源式两种。有源式红外传感器的工作原理是，当人员或车辆通过传感器的工作区域时，传感器所发出的红外线即被切断，传感器被启动，同时监控站的警报器自动报警，以此来探测目标。无源式红外传感器的工作原理是，当目标发出的热辐射使传感器工作区域的温度发生变化时，传感器便被启动，这种装置非常灵敏，在15米的范围内，人的正常体温就足以将其启动。红外传感器通常被隐蔽地布设在需要监视的道路和目标区附近，可探测到视角扇面区20米以内的人员和50米以内的车辆。其主要优点是体积小，隐蔽性好，反应速度快，能探测快速运动的目标，还可探测目标运动的方向并计算出目标的大体数量，所以它是传感器系统中很重要的复合传感器。红外传感器的不足之处是只能进行人工布设，无辨别目标性质的能力，并且探测范围有限，只限于正对探测器的扇面区。

压力传感器，是一种使用最早、种类最多的传感器。早在20世纪60年代中期的越南战争中，美军就曾使用过许多压力传感器，其中以应变钢丝传感器和平衡压力传感器为主。随着科学技术的发展，震动磁性电缆传感器、驻极体电缆和光纤压力传感器等也得到了广泛应用。压力传感器的突出特点是虚警率低，目标信息判断准确，抗电磁干扰能力强，且反应速度快。但这种传感器只有当运动目标压过电缆时，才能发现目标。因此，探测范围与电缆的布设长度相等，通常只有 30 米左右，而且只能人工布设，在野战使用上有一定的局限性。

扰动传感器，是指传感器被移动或干扰时，能自动发出报警信号的探测器。例如一种名为"无声微型炸弹"的扰动传感器，外观像石头或树枝。当其被移动时，马上便会发出强大的无线电信号，向监控器发出警报。还有一种名为"守夜者"的扰动传感器，设置一根极细的金属线，当金属线被折断时，便立即向监控器报警。扰动传感器的特点是体积较小，反应速度快，可靠性高，并能较为准确地判别人员和车辆。但只能人工布设，并且只有直接接触目标时才能实施探测，因而具有一定的局限性。

随着科技的发展和实践应用的需求不断上扬，传感器逐渐向微型化、低能耗、大数量、联网的趋势迈进。"灵巧尘埃"是典型的分布式微型传感器网络，体现了传感器系统的以上趋势。计划中，每一个"尘埃"是一个自主传感器节点，包括电子器件、电源和通信机构，大小却只有 1 立方毫米。由几百到几千个这种传感器构成网络，TinyOS 嵌入式操作系统解决在动态环境下的传感器组网、管理问题。"灵巧尘埃"的设计中包括：采用 10 毫米×3 毫米、厚度 0.1 毫米的小翼，使"尘埃"可以像飘落的枫树种子一样从空中投放；厚度 15 微米的微型太阳能电池板，在日光充足的情况下，每平方毫米可产生 100 微瓦的电能；容积 6～12 立方毫米的燃烧室，使用固体推进剂，可以在 10 秒内产生超过 1 瓦的热能，使装置移动至 100 米外；可以在飞行过程中提供电力的热电转换器等。2001年 3 月进行的一次野外验证性试验中，1 架在 33 米高度飞行的无人机部署了有 6 个节点的传感器网络，每个传感器之间相距 5 米，离公路 20 米远。着陆后，微传感器的时钟同步，等待目标经过。目标通过时，各节点分别探测、记录、存储并彼此交换目标信息。无人机再次巡航到此时，向地面网络发送质询，地面传感器将存储的信息发送给无人机，无人机将信息传送回基地。

> 【点评】地面传感器可布放在战场侦察雷达、光学器材、夜视器材的"视线"达不到的山地或丛林地区，利用中继器转发信号及遥控指令，还可对敌深远纵深地区进行侦察与监视，大大拓展了陆战场的感知区域，是传统步兵信息化的主要标志。

无源探测技术：F-117A 不败神话的破灭

1999 年 3 月 28 日，对空袭南联盟的美军来说，是一个"黑色的星期天"。美空军参加空袭的一架 F-117A 隐身战斗轰炸机，被南联盟军防空部队击落，从而打破了 F-117A "天下无敌"的神话。

在介绍隐身战斗机怎么被打下来之前，我们还是先来认识一下 F-117A 隐身战斗轰炸机的性能。F-117A 隐身飞机采用了独特的多面体外形设计，表面涂有 6 种不同的雷达吸波材料，地面空情预警系统极难发现，更不用说将它击落了。因此，当 F-117A 隐身战斗轰炸机执行任务时，无须电子战飞机的配合和战斗机护航，其突防的隐蔽性和轰炸的突然性很强。在海湾战争中，F-117A 被首次投入大规模实战使用，就以占 3% 的参战飞机完成 43% 的总任务，而一举成名。但是，F-117A 却在南斯拉夫上空折翼了。

就在 F-117A 被击落的第二天，即 3 月 29 日，俄罗斯国防部长谢尔盖耶夫公开证实，美 F-117A 是被俄罗斯生产的"萨姆-6"防空系统击落的，正当人们聚焦"萨姆-6"防空系统时，军事家们猜测"萨姆-6"防空系统中，是否采用了"塔马拉"无源雷达。因为，目前世界上只有这种雷达才有可能发现隐身飞机的踪影。至此，无源雷达"塔马拉"一下子成了焦点。

那么，"塔马拉"无源雷达是怎样发现 F-117A 的呢？

F-117A 隐形战斗机

首先我们先了解一下无源雷达技术，无源雷达本身并不发射能量，而是被动地接收目标反射的非协同式辐射源的电磁信号，对目标进行跟踪和定位。所谓非协同式外部辐射源，是指辐射源和雷达"不搭界"，没有直接的协同作战关系。这样就使得探测设备和反辐射导弹不能利用电磁信号对无源雷达进行捕捉、跟踪和攻击。无源雷达系统简单，尺寸小，可以安装在机动平台上、易于部署，订购与维护成本低。无源雷达不发射照射目标的信号，因此不易被对方感知，一般不存在被干扰的问题。它可以昼夜、全天候工作；可连续检测目标，一般为每秒一次。信号源是 40～400 兆赫的低频电磁波，有利于探测隐身目标和低空目标，不需频率分配，因此可部署在不能部署常规雷达的地区。

北约在 3 月 24 日的首轮空袭中，主要是打击南联盟指挥控制系统和防空系统。南联盟军一方面采取"无线电静默"战术，另一方面继续用"塔马拉"无源雷达进行扫描跟踪，伺机出击。由于"塔马拉"无源雷达本身不发射雷达信号，只是靠接收敌方雷达信号进行搜索目标的，因此可以在敌反雷达导弹的眼皮底下正常工作。其实它的工作原理并不复杂。本来隐身飞机反射的雷达信号几乎是捕捉不到的。但是，如果飞行员自认为很安全，经常打开机载雷达进行观察和校正航线，其雷达波就有可能被"塔马拉"发现。虽然隐身飞机用以校正飞机轨道的雷达波一瞬间很短，"塔马拉"只能捕捉到它几秒钟，但这足以对 F-117A 隐身飞机构成威胁。

"塔马拉"无源雷达由地面雷达、右侧监测站、左侧监测站、中央监测和评估控制站四个部分组成。隐身飞机的雷达信号首先被安装在三个控制站上的接收器捕捉，左侧和右侧监测站立即把捕获的雷达信号传送到中央控制站，根据两侧控制站和中央控制站捕获信号的时间差来确定飞机的位置。而飞机的高度则由捕获和判断飞机识别信号的地面雷达来确定。"塔马拉"雷达所有捕捉到的信息，均能及时输送给防空导弹发射中心的计算机，计算机经过迅速计算，即赋予防空导弹所需全部参数，并自动完成发射动作。

其实无源雷达并不是什么新概念，它的历史几乎与雷达技术本身一样悠久。1935 年，罗伯特·沃森·瓦特曾在单基地无源系统中利用英国广播公司发射的短波射频，照射 10 千米以外的"海福特"轰炸机。在第二次世界大战中也试验过预警无源雷达，如德国的"克莱恩·海德堡"系统。但当时的系统缺乏足够的处理能力。不能计算出目标的精确坐标。当前，美、法、俄、捷克等国家仍然热衷于无源技术的应用研究。

无源雷达系统可以依据探测对象或配置方式来分类。依据配置方式，无源雷达分为固定式（地基）和机动式（安装在潜艇、舰船、飞机、地面车辆等平台上）两大类。无源雷达的探测对象可以是雷达、通信电台或其他无线辐射源，也可以是仅仅反射无线电信号的目标。无源雷达可以依据探测对象的不同，分为利用被探测目标的自身辐射进行探测和跟踪，以及利用外照射源发射的电磁波进行探测和跟踪两大类。

利用被探测目标的自身辐射，在被探测目标本身就是辐射源或携带了辐射源的情况下，无源雷达利用探测目标自身辐射的电磁波进行探测和跟踪。可能的辐射源包括雷达、通信电台、应答机、有源干扰机及导航仪等电子设备。捷克研制的"维拉"系列无源雷达就属于这类无源雷达。其最新型"维拉-E"系统由4部分组成：分析处理中心居中，3个信号接收站呈圆弧线状分布在周围，站与站之间距离在50千米以上。分析处理中心部署在方舱车内，有完整的计算机系统以及通信、指挥和控制系统。信号接收站用重型汽车运载，可灵活部署。接收天线支架竖起时高17米，占地面积9米×12米，3个人在1小时内即可竖起天线进入监视状态。天线外形为圆柱体结构，功耗低、可靠性极高，平均无故障间隔时间达2000小时，可抵御30米/秒的大风。

利用外照射源发射的电磁波，这类无源雷达探测的目标本身不直接辐射电磁能量。无源雷达在工作时，通过天线接收来自外部的非协同辐射源（第三方）的直射波，以及该外部辐射源照射目标后形成的反射波或散射波，利用其携带的多普勒频移、多站接收信号的时间差和到达角等信息，经处理后提取目标信息并消除无用信息和干扰，从而完成对目标的探测、定位和跟踪。可能的非协同方包括广播电台、电视台、通信台站、直接广播系统、全球定位系统、各种平台上的有源雷达等。美国研制的"沉默哨兵"雷达就是这类雷达。利用全球移动通信系统发射机的作用距离只有20千米，利用调频无线基站的距离可达100～150千米，而大功率电视发射台的作用距离更远。利用其他雷达发射机的无源系统的作用距离与所用雷达相当。2000年6月，英国一著名报纸所报道的中国可以用电视和广播信号探测到美国隐身战机的新闻，其实可能并不假，而其原理就是利用外照射源发射的电磁波探测隐身战机。其实，这是英国媒体大惊小怪，妄图为中国"威胁"论煽风点火，美国洛克希德·马丁公司从1983年开始研究非协同式双基地无源雷达，于1998年研制出新型的"沉默哨兵"被动探测系统。这种无源雷达利用商业调频无线电台和电视台发射的50～80兆赫连续波信号，检测、跟踪、监视区内的运动目标，该系统由大动态范围数字接收机、相控阵接收天线、每秒千兆次浮点运算的高性能并行处理器及其软件组成，试验证明，它对雷达反射面积10平方米目标的跟踪距离可达180千米，改进后可达220千米，能同时跟踪200个以上目标，分辨间隔为15米。

【点评】人们在一般情况下提到的雷达，指的是有源雷达，是一种自身定向辐射出电磁脉冲照射目标，进行探测定位和跟踪的传统雷达。有源雷达发射的电磁信号会被敌方发现定位，暴露自己、引来"杀身之祸"。无源雷达技术则是借助非协同外部辐射源进行探测和定位的被动式雷达，敌方难以探测定位，正日益成为军事领域的"焦点"。

步兵夜视技术：士兵为黑夜而生的"鹰眼"

从古至今，人们十分重视利用夜幕掩护，夺取白天难以取得的战果。在古代，夜战仅仅是一种巧用天时的特种战法而已，夜暗对作战双方均是一种严重的行动障碍。同时，夜暗也通常是武器装备弱者一方用谋的主要立足点。朝鲜战争期间，我志愿军武器装备不如所谓的联合国军，我军就打夜战，利用夜幕抵近进行作战，取得了较好的战果，美军曾发出"太阳是我们的，月亮是中国人的"叹息。然而，时过境迁，近期几场局部战争几乎全是夜间发起的，并取得了重大战果。正如海湾战争中的美军空战主要指挥官、空军少将格罗松说："永远不要忘记，海湾战争的开始、作战和获胜都是在夜间。"美军从怯于夜战到敢于夜战，要归功于夜视技术。

在认识夜视技术之前，首先了解一个关于光及视力的常识。人眼之所以能看见周围的景物，是因为景物反射或自身辐射的可见光（波长范围为0.30~0.76微米）作用于人眼视网膜激起了视觉。人眼只能感觉到可见光，而且必须在照度足够大时才能看清景物。昼间可见光照度大（通常在 100 勒克司以上），人的视觉有很高的分辨能力和辨别颜色的能力。夜间可见光照度很小（即使在星月满天的夜晚，也只有 0.2 勒克司），人眼只能区别某些物体的轮廓，且视程很近，分辨力很低。夜间的可见光指月光、星光和大气辉光等微弱的可见光，统称微光。在微光条件下，人的视觉功能受到很大限制。

但是夜视技术却能让人眼的视网膜感觉到这些微光，现代的夜视技术可以把微光增强到人眼能够看清景物的光照度范围，从而实现夜视目的。在夜间除有微光外，还存在非常丰富的人眼看不见的红外线。红外线虽然不能被人眼直接感光产生视觉，但若通过某种方式将红外线变成可见光，也能达到用人眼观察夜间目标的目的。因此，微光和红外线是实现夜视的两个条件。这两个条件可用来改善和扩大人的视觉范围。通过把微光增强到足以引起人眼视觉的照度，或把看不见的红外线转变成可见光，人们发展了微光和红外夜视技术，并研制出多种类型的夜视装备。这些装备都是先把来自目标的微光或红外线光线转换成电信号，再把电信号放大，最后又转换成可见光信号。这种"光—电—光"的转换是夜视装备实现夜视的基本途径。

早在 1945 年前，夜视装备就出现在英国和德国部队中。那时候用的是既笨重又脆弱的主动红外装置，而且主动发射的红外光会被敌方探测到而暴露自己。这个致命弱点限制了它的应用，不久，被动式的微光夜视系统便取而代之。微光夜视仪将景物图像的微光通过像增强管增强，它自身不发出任何照明光，因此不易暴露。同样以被动方式工作的还有红外热像仪，但它为了能够正常工作或获得较高性能，往往需要专门的制冷器件，因此现在的系统还比较复杂而昂贵，主要用来装备飞机和车辆、坦克等大型武器平台。微光夜视系统则相对轻便和廉价，是目前步兵装备数量最多的夜视装备。

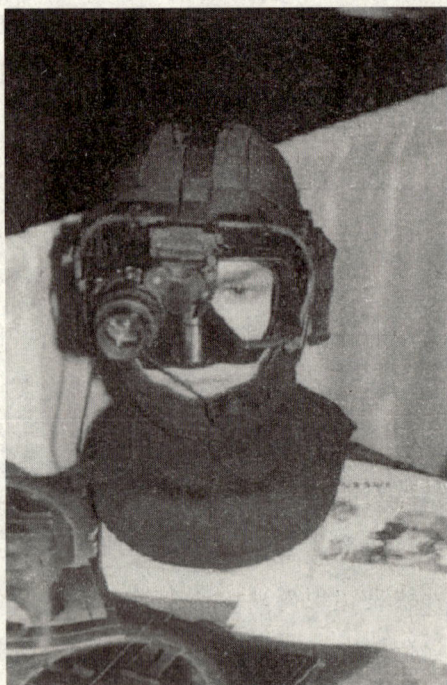

美国 M982D／M983D 防水夜视镜

　　微光夜视技术从 20 世纪 60 年代开始迅速发展，现在已发展至第四代。像增强管是微光夜视仪的核心部件，由光电阴极、电子光学系统和荧光屏组成。光电阴极将微弱的光辐射图像转换成电子图像，电子光学系统用来增强电子图像，最后在荧光屏上又将电子图像转换成可见光图像。这里所指的"代"，就是根据像增强管的类型划分的。60 年代推出的第一代是采用光纤耦合器将 3 支相同的像增强管耦合起来的级联式像增强管。70 年代的第二代是采用微通道板式像增强管。微通道板是一种高增益、低噪声、长寿命的高速二次电子倍增器，采用这种倍增器的 1 个像管的总增益就相当于 1 个三级级联管的水平，而且体积大大缩小，重量大大减轻。80 年代推出的第三代与第二代的主要区别是采用光灵敏度更高的光电阴极，使观察距离提高 1.5 倍以上。三代管中还使用了离子阻拦膜来阻挡电子撞击微通道板产生的散逸气体，因为这种气体会转变成正离子，可能破坏光电阴极表面并降低像管的寿命。但使用离子阻拦膜同时也限制了像管的性能。90年代末美国研制出的四代管则去除了离子阻拦膜，构成所谓的"无膜"像管设计，提高了像管的分辨率却不降低寿命。四代管中还采用了自动选通电源技术，通过控制光电阴极的电压开关速度来改进强光或亮光环境中的视觉效果。

英军 MRTI 多功能热成像夜视仪

红外热像仪是军事上非常重要的夜视装备，已经广泛进入三军装备。红外热像仪利用物体自身的红外辐射，将目标场景成像，从而发现和识别目标。红外热像仪的作用距离比微光夜视仪更远，可以穿透烟、雾、霾、雪，识别各种伪装。不但能够直接探测热目标，还能探测到热目标（如车辆、飞机等）曾经停留过的位置，因为这些目标消失后留下的余热仍可被热像仪探测到。出于成本和轻便性的考虑，目前步兵装备的红外热像仪并不多。典型的手持式热像仪如荷兰皇家陆军和比利时陆军装备的"轻型红外观瞄具"（重1.5千克），以及法国的"索菲"（重2.4千克）。典型的武器瞄准具是美国的 AN/PAS-13，它采用 40×16 元碲镉汞探测器和热电制冷，有轻型、中型和重型 3 种。轻型重 1.8 千克，用于 M16 步枪，作用距离 550 米，视场 15°；中型重 2 千克，用于 M60 和 M249 机枪，作用距离 1100 米，视场分别为 9°、15°；重型重 2.26 千克，用于 M2 机枪和 MK19 榴弹发射器和狙击步枪等，作用距离 1830 米，视场分别为 3°、9°。随着非制冷红外热成像技术的飞速发展，红外热成像系统必然趋于小型和低成本，使先进的红外热像仪可以普遍装备步兵。美国夜视和电子传感器局计划发展通用士兵传感器。这种传感器系统采用成本、重量和功耗均很低的微型非制冷红外热像仪，士兵可以像使用小型手电筒那样，用它绕过墙角瞄准而不暴露自己，并通过头盔显示器观看场景。

> 【点评】西方军事发达国家已经大量装备了步兵夜视器材，使士兵可以在夜晚自由行动，相对于广大发展中国家来说，夜晚正变得单向透明。

吊舱夜视技术：战机深夜中的"火眼金睛"

海湾战争中，美国空军无论是 F-16C/D 或是 F-15E 战斗机肚子下面都吊着一个"箱子"，刚开始还不知道什么东西。随着后来的揭秘，原来美国空军使用的是"蓝盾"（LANTIRN）低空红外夜视导航/瞄准吊舱，在这个吊舱的帮助下，美国空军对伊拉克的一些目标进行了空袭，并取得了巨大成功。

那么，吊舱是什么呢？在海湾战争的推动下，吊舱红外夜视装备因其标准化、通用性、使用灵活、更换方便、维护简单等优点，获得了广泛应用。根据研制时间和功能组成的不同特征，可以把导航/瞄准吊舱的研制划分为三代。

第一代吊舱是电视和激光的组合，在 20 世纪 70 年代研制并装备部队。只能在白天（含黎明和黄昏）使用，其产品主要有美国的"铺路道钉"（Pave Spike）和法国的"阿特里斯"（Atlis）吊舱。

第二代吊舱的生产和装备在 20 世纪 90 年代上半叶（1991～1996），主要有美国的"蓝盾"导航/瞄准吊舱和"铺路图钉"（Pave Tack）吊舱、英国的"夜鸟"（TIALD-A）吊舱和法国的 C-LDP 吊舱等。在这一阶段，吊舱前视红外主要采用第一代红外传感器，结构复杂、尺寸较大，仅能构成单一功能的单视场导航吊舱和双视场瞄准吊舱。其小视场分辨力在 0.12 毫弧度以上，对 10 米目标的识别距离大致在 10 千米左右。

"铺路道钉"（Pave Spike）吊舱

第三代导航/瞄准吊舱在 20 世纪 90 年代中、后期研制成功，其前视红外同时具备可见光电视综合、导航、瞄准功能，普遍采用大面阵的第三代红外探测器，显著提高了探测、跟踪距离，具有较高的性能水平和战术使用灵活性。主要有"蓝盾 2000+"、Litening、TIALD-C 等吊舱。

洛克希德·马丁公司的"狙击手"增程型（Sniper XR）吊舱由高分辨率中波红外前视雷达、双模激光器、CCD 摄像机、激光光斑跟踪器和图像跟踪系统等组成，红外系统灵敏度是"蓝盾"吊舱的 3 倍，对地面目标的探测距离达 40 千米以上，可满足联合直接攻击弹药（JDAM）和联合防区外投射武器（JSOW）的要求。由于采用模块化设计、自校准靶方式，不仅大大提高了可靠性（达到600 小时），而且大大降低了维修费用。

【点评】吊舱夜视技术的进步，不仅使飞行员的视力延伸到过去被夜幕笼罩的空间，而且使航空部队的信息获取能力、机动能力、协同能力和打击能力倍增，各国对其日益重视，必将迅速发展。

机载战术侦察技术：战斗机也能搞侦察

在人们的印象中，搞侦察都是各种各样的侦察机的任务，战斗机一般用于制空作战。但为了进一步提高对目标的实时侦察能力，尤其是满足打击"时间敏感"目标的需求，许多国家除继续改进在役侦察机并装备无人侦察机外，还在战斗机上安装了战术侦察系统，使其能兼顾执行侦察任务。

机载侦察吊舱

目前，美海军和空军都为各自的战斗机研制了机载战术侦察系统，这些侦察系统不仅可以实时获取侦察信息，而且还可以将获取的信息实时显示或传递给地面站进行处理。目前投入使用的主要有：

美海军的共享侦察吊舱。该系统采用最先进的侦察技术，可执行情报、监视和侦察任务，收集红外、光电和合成孔径雷达数据，并将数据实时传输给战场指挥员，从而大大缩短侦察、打击目标的时间。共享侦察吊舱体积与330加仑的燃料桶相当，重约960千克，内部设备主要有1台中空双波段（可见光和红外）CA-279/M照相机、1台高空双波段（可见光和红外）CA-279/H照相机、1台数字化记录仪和1部天线。照相机可同时在2个波段工作，其镜头可以通过旋转组件调整方向。同时，吊舱以及飞机提供的导航数据也可以改变照相的方向，图像实时传输到机载显示器和海军地面工作站进行监控。侦察高度范围为600米~1.5万米，斜距80多千米。该系统的主要优点是能够适用于不同平台，目前用于F/A-18和P-3飞机，未来可用于F-35"联合攻击战斗机"；不占据载机空间，共享侦察吊舱安装在炸弹架上，而不是机身或导弹架上，因此不会影响飞机的载弹量。

美军的先进战术机载侦察系统。先进战术机载侦察系统是英国BAE系统公司为美军开发的，20世纪80年代开始研制，90年代部署，现已用于实战。这套系统主要包括红外线性扫描仪、可见光中低空光电传感器、2台数字磁带记录仪、1套侦察管理系统，以及与APG-73机载雷达的接口，能够对光电、红外和合成孔径雷达数据进行融合。先进战术机载侦察系统获取的各类信息，可通过公共数据链传送到海军陆战队远征部队，以及其他通用图像地面或水面接收站中。到目前为止，美军共采购了19套该系统。在科索沃战争中，美海军陆战队第332全天候作战攻击编队使用了2架配装该系统的F/A-18D（RC）飞机，成功地为联军提供了高分辨率的实时/近实时图像。而且由于系统采用了内置方式，所以不影响飞机的作战能力。

英国机载侦察吊舱。主要装备于"旋风"战斗机，机载侦察吊舱是古德里奇宇航公司制造的实时战术侦察系统，具有高低空、全天时侦察能力，安装在飞机腹部，收集视频信息和红外数据。数据可贮存在飞机上，也可实时发送到地面工作站，现已形成作战能力。机载侦察吊舱长约6米、重约900千克，主要设备包括DB-110照相机、侦察管理系统、传感器控制单元、吊舱电源分配单元、数字磁带记录仪、数据链和环境调节系统。在驾驶员后座舱还设有显示器，可用来观察图像、调整图像收集过程。DB-110照相机有可见光和红外两个波段，焦距分别为2800毫米和1400毫米，各自使用1个线阵列和2个面阵列，能够在30～130千米或更小的距离内获得高分辨率的图像。有图像广域搜索、点和体目标跟踪3种收集模式，其突出特点是具有防区外成像能力，能在93千米外、7千米高空对车辆清晰成像。

瑞典模块化侦察吊舱。主要用于JAS39"鹰狮"战斗机，侦察吊舱使用1553B总线接口，可将数据传输到驾驶员座舱显示屏上。吊舱中有包括红外和光电照相机在内的多种传感器。座舱显示屏上可实时显示高分辨率的图像。"鹰狮"于2004年装备先进战术信息数据链后，所获取信息可以在飞机和地面站间实时传输。由于这套系统是内置模块，因此也可集成到其他吊舱中。

以色列"光电/红外远距离倾斜摄影系统"。该系统覆盖区域广，可在高度9～15千米、距离约96千米范围内生成高清晰的可见光或红外图像，具有高空防区外侦察能力。其地面站包括1个接收单元和机动图像开发单元。此外，以色列拉斐尔公司还开发了RecceLite战术侦察吊舱，是一种全天时的光电侦察吊舱，能够实时传输图像，并可与"蓝盾"瞄准吊舱共享信息，是世界上最先进的侦察系统之一。

【点评】随着机载战术侦察技术的进一步发展和完善，战斗机机载战术侦察系统将部分取代专用侦察机执行战术侦察任务，专用侦察机在战斗机系统中的地位将不断降低，专用有人驾驶飞机的战术侦察角色将淡出历史舞台，取而代之的将是战斗机机载战术侦察系统和无人机战术侦察系统。

地下探测技术：探测地下工事的雷达

为对付地下目标，美军加紧研制钻地弹，但问题是，重要的地下设施特别是核设施及指挥所等要点，一般都受到高度重视，往往加以巧妙的隐蔽和伪装，用常规的侦察手段难以发现，尤其是不易获得详细的相关技术信息，使得先进的钻地武器找不到用武之地。在此种情况下，地下探测技术获得了迅猛发展，尤其是美军，在美国国防先期研究计划局（OARPA）的支持下，采用高科技手段发现地下设施的研究工作取得了很大进展，计划命名为"反地下设施"计划。

"反地下设施"计划最初侧重于声学、地震和电磁无源监视（PASEM）系统，研制出了地面传感器系统的样机。样机设计结合了新的传感器技术、先进算法和信号处理技术可以提供网络节点阵列监视和判别信号特征。试验表明对于高性能传感器影响较大的并不是自身的噪声和风噪而是真实环境中的杂波。样机还检验了一些有发展前途的技术概念如耦合地震检波器、高灵敏度传感器及其噪声处理、基线相干大信号处理、非视距通信等。该系统遵从简单微型传感器的技术理念，力争做到传感器节点更多、更容易部署。

在"反地下设施"计划第二阶段的"低空机载传感器系统"（LAASS）研究中，侧重于在战术要求的时间内发现地下设施的能力，以便在嘈杂的城市战场也能快速进行大范围的搜寻和成像，以弥补地面传感器的不足。LAASS系统具有大孔径和高机动性，可以飞行潜入敌方领土，发现未知的地下设施入口，并且"描绘"出地下设施的布局和连接情况，为了实现这一点，首先要使传感器能够区分无人机机身和发动机发出的震动噪声与声学信号，使用的传感器包括高灵敏度电磁传感器、高频压差计，声学传感器及重力传感器；其次是如何利用好低噪声传感器的输出信号，来解决电子部件等的电磁反演问题。

"声学、地震和电磁无源监视系统"与"低空机载传感器系统"侦察大型地下设施，主要是利用了地下设施的明显的地震痕迹以及设施中电力、通风和设备辐射出的声学和电磁信号，利用这些蛛丝马迹来发现地下设施。而对于一些小型"老鼠洞"之类的地下设施，就没有这些信号可以利用了。发现这些地下设施，须通过对信号的时间、空间关系进行综合关联，从背景杂波中加以筛选。美国国防先期研究计划局正在研究对大范围地区进行快速扫描的新方法，以高概率、低误差地发现这些"老鼠洞"。

同时，利用主动探测技术（如利用声呐发现水下洞穴乃至探测潜艇）可以对不辐射信号的地下设施进行探测。近一个世纪以来主动探测技术在地球物理探测界稳步推进，通过遥测地质学的精细特征可以发现矿藏、石油和其他资源。在这些技术基础上，地基和机载的电磁探测系统通过诱导极化、电阻变化、磁—地成像等技术途径揭示地球导电系数和介质成分的细微变化；通过记录地震波、电磁波和准静态场对它们所处介质（如不同类型的土壤、岩石、空气及盐分）的影响可以知悉地面以下的情况。这些原理当然也可用于军事上探测地下设施。难点在于研制小型化的地球物理和石油探测设备，这些设备采用的技术包括地震反射、折射和垂直地震测深，以及 X 射线断层摄影术。类似的测量技术已经广泛应用于医学界，如胎儿和心脏的超声波成像、计算机化的 X 射线层析摄影、核磁共振成像、正电子 X 射线断层摄影等，能详细揭示出人体内部结构及其病变。按此设想，这些原理也可用于地下设施探测。但难点是，现有的地球物理成像技术是入侵式的，搜寻速率很慢，在大多数情况下，要使传感器及其电源尽可能接近需要扫描的地区。这在战时来说，是很危险的。

如果借助地球物理成像技术寻找"老鼠洞"的技术获得成功，那么搜查范围将不再局限于点而是可以扩大到面，像藏匿违禁物的地下仓库，恐怖分子的地下巢穴等。要达到这一目标，需要研制可移动的、能大密度覆盖大范围地区的视距外传感器，还要区分地下通道与周围材料在回波信号上的差别。就像在暗处照相需要闪光灯一样。地球物理成像也要依靠辐射源来"照明"——不仅可以用主动发射电磁波的信号源，还可以借助周围已经存在的环境电磁波（如调幅收音机信号、罗兰导航系统的传输信号，以及用来与潜艇进行远距离通信的低频、超低频和极低频信号），甚至还可以利用自然界中存在的地球—大气电磁噪声。

在地震技术方面，自然界的地震活动、车辆的振动、炸药的爆炸甚至音爆都可以作为无源探测的震波源。在侦察通道或洞穴时，可以利用人为布放的或寄生的有源探测器而不必依赖由于人群的活动而辐射出来的信号。另外，"空无一物"的通道与洞穴与周围环境在重力场梯度上有差别，可以用"低空机载传感器系统"中的重力压差计来探测这种差别。

可移动视距外探测系统能够支持上面提及的电磁地震和重力压差计技术，要做的工作是实现传感器和平台的有效结合，以及在敌方进行有效部署。另外还要发展对可见光图像和红外超级光谱传感器图像进行处理的技术，利用先进的算法对获得的图像进行时间—空间相关。例如研究洞穴进出口和通道口的气体与温度湿度、大气压力等变化因素的关系。

原理就是上述这些，但要真正能发现这些地下小型设施，还要做好以下几点：首先，是连续的监视。即在一定的时间段内进行不间断观测，通过获得的一系列照片来发现细小的变化。例如，用红外广角相机拍摄的照片记录一天内空气温度、大气压力的变化，然后把每一个坐标点（或照片的像素点）与大气压力时间进行交叉相关便可以发现细微的局部异常，从而判定通道或洞穴的入口。这就要求有连续拍摄的传感器和生存能力强的平台加以支持。同样通过对人类活动引起的变化及其周期的关联可以从统计学的角度揭示异常的可疑活动，从而发现通道或洞穴门。其次，进行对比监视。在实施时，先要可靠地绘制背景杂波（包括自然发生的和人为制造的）的统计学图像，以便通过对比来发现新出现的异常特征。这对于电磁扫描和重力坡度测量技术都至关重要，它们都要分析环境中的细微变化。有了精确而详细的空间杂波背景图之后就可以使用相匹配的滤波器进行特征探测，通过地下设施与周边物质之间在相位和极化上的差别来知晓地下空间的大小和形状。而关键的关键是研制可以大量获取背景和异常情况数据，可以快速和隐蔽地进行探测的传感器系统，包括可以提供无缝隙、广域覆盖的高机动传感器，或者是高分辨率的广角传感器。最后，要对观察到的各种现象进行综合分析，以提高探测精度、减少虚警率。例如，如果地道足够大或它的入口多，常常会由于气团较轻而产生重力异常，由于绝缘和导电性的差别而产生电磁散射，甚至在地道出口或整个通道出现温度和水蒸气异常，还有可能发现地道上面或出口周围植物发出的超光谱或电磁信号。

【点评】发现不了隐蔽的地下设施，先进的钻地武器就没有用武之地，地下探测技术正日益受到军事大国的重视，必将对弱势一方反侵略的传统游击战术带来严峻挑战和产生严重冲击。

无人侦察机技术：难以防范的"空中尖刀"

2006 年 5 月，伊朗一架无人驾驶侦察机曾对位于波斯湾内的美国海军的"里根"号航母进行了航空侦察。据报道，该机在"里根"号上空盘旋了 25 分钟后才被美军发现。在玩了一把惊险游戏之后，这架无人侦察机毫发无损地安全返回。世人震惊，不是美军拥有先进的侦测手段和精确打击能力，掌握了海湾地区制空权、制海权和制信息权吗？怎么可能拿一架小小的无人侦察机没有办法呢？究竟无人侦察机有什么让美军头疼的特点呢？

无人侦察机很难被发现。现代无人机的机体结构广泛选用复合材料工程塑料、泡沫塑料、轻木等透波性能良好的材料制造，一些小型无人机甚至无须采取专门的技术措施就已具备了雷达隐身能力（雷达反射截面积小于 0.1 米^2）。以电动机、活塞式发动机为动力装置的轻型和微型无人机，尺寸小、噪声低且红外信息特征极弱。其隐身性能可达到相当高的水平，很难被雷达和声学、光学、红外探测器发现。可以说大部分的轻小型无人机都拥有天然的"遁形"能力。无人机在实际使用时还能根据事先侦测到的情报，预先编好飞行程序，绕过敌方固定的雷达站和防空阵地，以规避探测和拦截。另外，如果将无人机的飞行速度降至很低的范围，也可成为自保的手段。因为地面防空导弹系统机载脉冲多普勒雷达等对慢速的空中小目标，往往是很难发现和跟踪的。

无人侦察机很难被瞄准。还有一些无人机即使被发现了也不好进行攻击。例如，用战斗机和地对空导弹对付廉价的小型低速无人机就相当困难。如果战斗机飞行员准备使用空对空导弹对付这种无人机，但由于活塞式小型无人机的雷达、红外信号很弱可能根本就构不成发射条件，即便导弹能够锁定目标并且也成功命中目标，在经济上也可能极不合算。导弹的成本往往数倍甚至数十倍于小型无人机。若用战斗机和攻击机上的航炮扫射这类目标代价当然较低，经济上也更划算，但由于有人驾驶平台的机动飞行速度较高，一般在 800~1000 千米/小时。而活塞式无人机的巡航速度很低，一般在 100~150 千米/小时，二者的速度差太大，战机稍纵即逝，还没等飞行员按下发射钮就可能冲到目标前面去了，甚至撞上了。再加上目标的外形尺寸很小，只有抵近射击才有把握，这样一来，瞄准的时间会更短，假如一击不中再兜个圈子回来，目标也许就丢失了。

无人侦察机很难被攻击。对于那些活动在平流层以上的超高空、超高速喷气式无人机来说，即使不采用隐身技术它们也有恃无恐。因为现役的大多数地面防空武器系统和战斗机发射的导弹都射不了那么高，飞不了那么快，现代先进的高超声速无人机多采用涡喷发动机，超燃冲压发动机、火箭发动机组合动力系统，它们的最大飞行速度可达马赫数 5 以上，升限可达数十千米，活动区域已进入大气层的中间层，很不好拦截，常规的地对空导弹打不了那么高对它们无能为力，先进的战斗机也只能望洋兴叹。

无人侦察机的型号很难被判断。现代无人机的机载系统多采用模块化设计，可根据任务的需要搭载不同的设备，用以执行情报侦察、战场监视、电子对抗、目标指示等不同的使命。如在同一外形的无人机上换装电子侦测设备、角反射体和战斗部，即可将其改成电子侦察无人机、诱饵无人机、反辐射无人机等。当这些无人机不发射电磁波时，即使发现了它们，地面防空系统仅仅通过其外观的信息，基本上是无法对它们加以区分的。当天空中出现一大批各种用途的无人机时，对目标类型的识别就更困难了，若无法判断威胁程度，无法找到需要立即拦截的目标，将直接影响到战场反无人机兵力的分配以及打击次序的决策。很可能会因此而贻误战机导致作战失利。

指挥员很难决策如何处置高空飞行的无人机。现代无人机种类繁多，如果在无人机机群中混编有无人驾驶诱饵机、无人驾驶电子侦察机、无人驾驶反辐射攻击机，那么，发现了入侵的空中目标后，打还是不打，如何打，打哪个，用什么武器打，决策起来就更要小心了。若盲目地用地对空导弹带炮瞄雷达的高炮系统发起攻击，就有可能陷入被动的境地。如果遭到射击的目标是诱饵机，如果你打了，也就保护了其他特种侦察机；如果是无人驾驶电子侦察机，正好利用这一机会窥探敌方的搜索雷达、制导雷达的频率波长等参数，测定其方位，即使被命中也值得，获得的电子情报信息已实时传送到大本营去了；假如遭到的攻击目标是电子对抗无人机和反辐射无人机，只要对方的雷达开机，无人机就能针对其信息特征实施电子干扰，或趁此机会发起反辐射攻击。再假如，如果诱饵机、电子侦察机和反辐射机一起使用，那就更不好决策了。

车载侦察无人机发射瞬间

在复杂的战场环境中，面对无人机编队，防御一方有可能会因判断和决策失误而出现该打的没打、不该打的打了，击落了无价值的诱饵机却漏掉了最关键的无人驾驶侦察机、无人驾驶攻击机的问题，弄不好还有可能使己方的雷达警戒系统和地面防空系统面临严重的威胁。无人侦察机技术，绝对是对方难以防范的"空中尖刀"。

【点评】无人机可以升空进行大面积、大范围的搜索侦察，或者逼近敌作战前沿甚至飞临敌方上空进行盘旋式的连续侦察，获取有针对性的、实时的、详细的、不间断的情报，也可以对特定的敏感目标连续侦察，还可对生化战剂进行侦测和识别，可以大大降低人员伤亡的危险，有助于实现"零伤亡"，正日益受到各国的青睐。

第二章 军事侦察监视技术

第三章　军事通信技术

超长波通信技术：与深海潜艇对话

20 世纪 50 年代中期，中苏曾为长波电台事件闹得沸沸扬扬，长波电台是怎么回事呢，苏联为什么要在中国建造长波电台呢？这还要从超长波通信技术说起。

超长波是指工作波长在 10 ~ 1 兆米（频率为 30 ~ 300 赫兹）范围内的无线电磁波。超长波在海水中的衰减很少，入水深度超过 100 米，超长波发信台可以对深海潜艇通信。说到这里，大家应该明白为什么苏联要在我国建立长波电台了，原因很简单，是为了与其在太平洋游动的核潜艇通信用的。那么超长波是怎么通信的呢？

超长波在地球表面与电离层下界之间形成的球形波导内激发和传播，基本不受自然的和核爆炸引起的电离层干扰和影响，传输衰减很小，通信距离远，稳定可靠。超长波通信的发射天线辐射效率极低，发信台规模巨大（具有多部兆瓦级发信机、数百千米长的天线），建设投资大，运行费用高，只适于岸台对潜艇单向发信。超长波信道频带很窄，通信速率极低，发送一组 3 个字母的信号约需 15 分钟。超长波通信一般采用最小移频键控、抗干扰卷积码和数字加密方式工作。潜艇上的收信设备应用电子计算机进行信号处理时，能接收信噪比很低的弱信号。1958 年，美国为解决"北极星"

弹道导弹核潜艇的深水通信问题，首次提出超长波通信的设想，并于1986年建成了40～80赫频段的超长波通信系统。早在20世纪70年代，苏联就建成了类似的超长波通信系统。

为了接收指挥信号，北约的潜艇使用各种不同类型的天线其中有一种叫"浮动电缆"的天线，是一根具有正浮力并与海水介质绝缘的超长导线，潜艇能在水下航行中放出这种电缆，电缆浮到海面以后，可以接收无线电信号。这种天线构造简单，但是能被飞机、卫星以及水声探测器材发现（电缆在水中运动会产生噪声）。这种浮动电缆的严重缺点是潜艇只有在低速时才能使用它，但艇速低，电缆又会下沉而无法接收信号。另一种天线形式是"拖曳浮标"，它是一个流线型空室，里面装的敏感天线与潜艇的拖曳电缆相联结，接收的信号通过该电缆进入接收机。深度自动控制装置可以使"拖曳浮标"在各种艇速下，保持在规定的深度上。但是潜艇在大深度航行时，需要放出很长的长度，影响潜艇机动。另外为了降低噪声，航速受到了限制。但超长波即超低频通信，可以克服上述的一些缺点，超低频电波可以穿透很大的海水深度。潜艇利用拖曳天线，可以在几百米水深，甚至在北极平均约3米厚的冰层下，接收到超低频信号。超低频通信系统，在很长一段时间内，是能向潜艇发出警报和指示潜艇上浮来接收超长波或通过卫星接收短波和超短波通信的唯一手段，并且无线电波的传播不受核爆炸和有意干扰的影响。

基于超长波通信技术的超长波电台，由激励器、调制器、功率放大器、天线、终端和电源等设备组成，其规模巨大，技术先进，是现代化大型通信设施。一般装备数部甚至数十部兆瓦级功率的发信机，架设总长度达数百甚至数千千米的天线，备有可靠的电源供应（包括外来电源和自备电站），配置频带利用率高的调制器、抗干扰性能好的信道编码器和战略级自动加密器。超长波电台台址的大地电导率越低越好，一般选择具有花岗石地层的电导率较低的地

第三章 军事通信技术

137

区。其天线的基本单元是一根长数十千米甚至上百千米、中部馈电而两端良好接地的平行于地面的导线，悬挂在离地面 10 米左右的电线杆上或表面绝缘处理后埋于地下 1 ~ 2 米深处。1958 年，美国为解决"北极星"弹道导弹核潜艇的大深度通信问题，首先提出用超长波进行通信的设想并进行了长期大规模的研究试验。至 20 世纪 80 年代末，全球已建成并投入使用的超长波电台有 2 ~ 3 座。苏联的超长波电台建成于 70 年代。美国的超长波电台于 1986 年建成并投入使用，该电台由两部分组成，一部分位于威斯康星州，另一部分位于密歇根州，两地相距 258 千米，两部分可以联合工作，亦可分别单独工作。天线总长 135 千米，发信机共 8 部，一半工作，一半备用，总功率 5280 千瓦。工作频段为 40 ~ 50 赫和 70 ~ 80 赫，通常在 76 赫上工作。通信速率极低，一般只能用预先约定意义的几个字母的组合进行信号通信，发 3 个字母组成的信号约需 15 分钟。在 7000 ~ 8000 千米范围内能保证对水下 100 余米的潜艇进行通信。

【点评】超长波通信曾经在冷战时期获得较快发展，美国、苏联都建立了超长波电台，并在对战略核潜艇通信指挥中发挥了重要作用。

蓝绿激光通信技术：对潜通信新主力

长期以来，长波或超长波通信一直是对潜通信的主要方式，随着人们研究的不断深入，发现海水中还存在着一个"蓝绿窗口"，当然这个蓝绿是针对可见光来说的。

这个"蓝绿窗口"是怎么被发现的呢？研究人员在实验中发现，波、红外光、可见光等，在可见光波段，海水对电磁波的衰减小，对光的透射性较好。通常海水对光波的衰减主要是由海水吸收和悬浮微粒散射引起的，衰减系数与光波波长、海水的浊度、生物含量及深度等有关，而温度与盐度对衰减系数的影响却不大。含有浮游生物的海水的衰减系数比纯海水大，差异主要来自海水中的悬浮粒子和溶解的其他物质。在纯海水中，波长为 400～580nm 的光波衰减系数较小，当波长大于 580nm 时，衰减系数明显增大。特别是在可见光中，对于含有浮游生物的海水，绿光部分的衰减系数最小，而红光、紫光的衰减系数最大。正是如此，海水中的 400～580nm 波段，被称为海水的"蓝绿窗口"，使用此波段的光波作为信息传输的载体，海水对其的传播损耗低，水质较好时损耗可低于 0.05dB/m。一般来说，大洋水的衰减系数最小波段是 480～500nm，近岸水衰减系数最小的波段是 530～580 nm。

对潜激光通信

海水中"蓝绿窗口"的存在为水中兵器的水下探测及水下通信提供了新的解决方案。潜艇作为常规的水下作战武器，如何对其进行水下探测的研究从未停止过。传统的探测手段主要是使用声呐技术，但随着反探测作战及消声技术研究的深入发展，潜艇的自噪声越来越弱，这也使声呐探测技术的能力大大削弱。目前，在潜艇探测领域，蓝绿激光目标探测技术越来越吸引人们的目光。

在对潜通信上，长期以来主要是采用长波和超长波通信实现，而长波和超长波通信的主要缺点在于天线系统过于庞大而通信容量小。随着激光技术的日益成熟，部分海洋大国把水下通信的目光投向了更为直接的光通信方式，对潜蓝绿激光通信开始得到重视。对潜蓝绿激光通信作为激光通信的一种，通常是指利用在海水低损耗窗口波长上的蓝绿激光，通过卫星或飞机与深水中潜行潜艇的通信，也包括水面舰与潜艇之间的通信。一般来说，对潜通信可以分为陆基、天基和空基三种方式。陆基系统先由陆上基地台发出强脉冲激光束，再由空间轨道上的卫星将激光束反射至所需照射的海域，实现与水下潜艇的通信。天基系统的上行线路可用电通信手段实现，而下行线路可将大功率激光器置于卫星上完成对潜通信功能。空基系统是将大功率激光器置于飞机上，在飞机飞越预定海域时，激光束以一定形状的波束扫过目标海域，完成对水下潜艇的通信。早在 20 世纪 80 年代初，美国国防部就开始对是否开展水下激光通信卫星系统的研究进行过探讨，美国通用电话电子公司为摸索蓝绿光的穿透能力和利用蓝绿光进行深海通信的可能性，曾在某海域进行了一次蓝绿光通信试验，并获得了成功。其方法是以一架在 4 万英尺高空飞行的飞机，借助蓝绿激光束，将输出一定功率值的光脉冲从飞机上发出，穿透大气层和海水，准确地把信息传递到了一艘巡航在实战深度的导弹核潜艇上。水下蓝绿激光通信的试验成功，为实现海洋通信开辟了一条新途径。此外，苏联在 20 世纪 80 年代也开始了水下对潜激光通信的研究和试验，并成功地把蓝色激光束发送到空间轨道的反射镜后再转发到潜艇上。

蓝绿激光通信主要有以下几个特点：蓝绿激光束穿透能力强，能穿透至海洋深处，海水对其的吸收损耗很小，甚至可以说是"透明"的；工作频率高，通信频带宽，能较好地实现数据的高速传输，且方向性好，抗干扰能力强，不受电磁波以及核辐射的影响；耗能少，对于无线电波而言，其穿过地层和海水都要损耗较大的能量，波长越短，损耗越大，而对于蓝绿光，海水和大气层对其的能量损耗都极小，这就有利于增强通信的正确性和可靠性，为协调潜艇与海面、地面和空中的作战创造了条件；不易被敌测向和侦察，作战中，如果潜艇上浮使用天线与外界通信，易被敌方的无线电测向船、侦察飞机或监视卫星发现，而采用蓝绿光通信方式，潜艇在深海处就能够与地面进行通信，更便于隐蔽作战。

实现蓝绿激光通信，对光源就需要一些特殊的要求，工作波长，光源波长应处于海水的"低损耗窗口"，一般系统可选择在480nm附近；功率，光源工作于连续波或脉冲状态，峰值功率必须足够大以保证接收到的光功率足够大，突出于背景光功率；脉冲宽度，海水散射作用形成了多径色散，光束脉冲被展宽，在由海水散射引起的激光脉冲传输延时差固定的情况下，展宽后的脉冲峰值幅度的下降量与原脉冲宽度有很大关系，原脉冲越窄，脉冲峰值幅度下降越大，要求脉冲光的光源应有足够的宽度以保证在存在较大的脉冲展宽的情况下，接收光信号脉冲峰值功率还能维持一个较大的值。

【点评】在对潜通信上，长期以来主要是采用长波和超长波通信实现，而长波和超长波通信的主要缺点在于天线系统过于庞大而通信容量小。随着蓝绿激光技术的日益成熟，对潜蓝绿激光通信开始得到重视，并将可能主导未来对潜通信。

短波通信技术：现代战场中的"神行太保"

1921 年，意大利首都罗马的近郊发生了场大火。一个业余无线电爱好者用仅有几十瓦功率的小短波发射台向外发出了求救信号。

他原指望附近能有人收到信号并通知消防人员，但这一信号竟意外被几千公里外、处于欧洲大陆另一端的丹麦首都哥本哈根的一些业余无线电台收到了。这在当时简直是一件不可思议的事情。以后又有许多类似的事情发生，说明这不是一个偶然现象。短波怎么有如此神奇的功能呢？是否短波也能实现长距离通信？科学家们终于重新开始研究短波的传播规律。随着研究的不断深入，在通信现代化的战争中，短波通信被广泛用于传输电报、电话、数据和静态图像，在军用远程通信中占据极其重要的地位。陆地上的作战指挥所要与远处的部队或海上的军舰进行通信，都要依靠短波电台。短波通信发射功率小，传输距离远，建站迅速，便于机动，是军用无线电通信的主要方式之一，被誉为现代战场的"神行太保"。

那么短波通信是怎么实现的呢？短波通信，是指波长为 100～10 米（频率为 3～30 兆赫）的无线电通信，又称高频无线电通信。短波通信靠天波和地波两种方式传播。地波通信较稳定，在传播过程中，电波能量不断地被地面吸收。工作频率越高，地面的电导率和介电常数越低，传输衰减越大。地波通信距离一般在数十千米以内。中、远距离通信，依靠电离层反射的天波传播，电离层分为 D、E、F 层。其中，F 层的电子密度最高，决定着短波通信的最高可用频率；E 层的电子密度较低，能反射短波中较低频率的电波；D 层的电子密度最低，且大气密度较大，不仅不能反射短波电波，反而吸收了电波的能量。天波传播存在多径传播现象。在收信天线上收到由同一天线发出，但经两个以上不同路径传来的电波，这种现象称多径传播。由于电离层的变化是随机的，使不同路径来的电波有时同相相加，有时异相相加，从而引起接收的合成信号强度的变化和波形的失真，这就是多径传播引起的衰落现象。如果各条路径传输时延差别不大，传输频带内各频率分量的衰落变化基本上是相同的。信号只有强度变化，而波形失真很小，这种衰落称为一致性衰落；如果信号频带内各频率分量经过几条路径到达接收点的时延差别较大，将引起各个频率分量的衰落不同，使信号的强度不稳定且产生波形失真，这种衰落称为频率选择性衰落。在传输数据时，多径传播将产生严重的码间串扰，致使误码率增大。短波传播还存在"寂静区"。这是由于短波传播中地波传播距离较近，而天波传播的单跳距离较远，因此形成了既收不到地波又收不到天波信号的"寂静区"。为保障通信，可采用降低工作频率，适当增加发信功率和选用高仰角天线等措施。

电离层的高度和电子密度随昼夜、季节、年份的不同而变化，故选用的工作频率也要相应的改变。白天电离层电子密度较大，可用较高的工作频率；夜间电离层电子密度较小，宜用较低的工作频率，一昼夜需数次改变工作频率，才能保障通信顺畅。特别在拂晓和黄昏时，电离层电子密度变化较大，更须及时改变频率，否则将导致通信中断。电离层还易受太阳耀斑和核爆炸的影响；短波波段内电台拥挤，相互干扰严重；大气噪声和工业干扰都使短波通信不够稳定。为克服电离层变化的影响，提高短波通信的稳定性，主要采取以下措施：（1）采用实时选频技术选择最佳信道。根据信道参量的变化，实时选择传播衰减小、多径时延小、干扰小的最佳通信频率。在通信干线上采用实时选频后，可在 90% 的时间内，使短波通信的误码率保持在 10～5 或更小。（2）采用各种自适应技术，以适应短波信道的变化。这些技术包括自动增益控制，自动频率跟踪，自适应均衡，自动数码率的转换，窄带干扰抑制，发信功率自动调节，收信天线自适应调零技术等。（3）采用新的调制制度、最佳接收技术、分集接收技术、差错控制技术、频带压缩及扩频技术等。

自 1921 年，业余无线电爱好者发现用小功率电台发射短波无线电信号能传播很远的距离后，短波通信便迅速发展起来。第一条短波通信线路于 1924 年在德国的瑙恩和阿根廷的布宜诺斯艾利斯之间建立。1927 年，中国生产了短波电台，并在中国国民革命军中

建立了短波通信。1931 年，中国人民解放军开始建立短波通信。

军事上的短波电台，是指工作波长为 100～10 米（频率为 3～30 兆赫）的无线电通信设备，又称高频电台。工作在此波段内的单边带电台、调幅电台、调频电台和跳频电台等均属短波电台。通常由发信机、收信机、天线、电源和终端设备等组成。短波电台的设备较简单，开设方便，能用较小的发射功率进行远距离通信，是军事通信的重要装备之一。军用短波电台，按用途和使用条件，分为移动式与固定式。移动式又分为便携式和车载（舰载、机载）式。按功率大小，分为小型（百瓦以下）、中型（百瓦至千瓦）、大型（千瓦以上）电台。便携式电台通常把发信机和收信机合装在一个机壳内，采用鞭形天线（或斜天线、T 型天线），使用化学电源或手摇发电机供电，发射功率一般为数瓦至数十瓦，具有体积小、重量轻、便于机动等特点，常用单工通信方式保障战术分队的通信联络。中型电台的发信机和收信机分装在各自的机壳内，安放在固定台站或车辆（舰艇、飞机）内，可作双工通信，其电源可由汽油发电机、电动发电机、蓄电池或市电供给。车载（舰载、机载）式电台常用水平对称振子天线或鞭形天线。固定式中型电台常用笼形天线，通信距离通常为数百千米，主要用来保障中级指挥所的通信联络。为利用地波进行通信，中小型电台的工作频率通常扩展到中波波段。固定式大型电台常采用菱形天线或对数周期天线，通信距离可达数千甚至万余千米。为保障高级指挥所的通信和指挥，一般组成无线电发信中心和收信中心进行双工通信。

短波电台通常有等幅报、移频印字报、调幅话、单边带话、数据和传真等多种工作种类。传输印字报时常用移频键控，传输等幅报时常用振幅键控。短波电台若配用调制解调器（又称数传机），可传输数字电话，数字传真和数据，此时常用移频键控或差分移相键控。军用短波电台的发展趋势是：采用高效话音编码技术和新的调制制度，进一步提高频谱利用率和数字传输速率；采用集成化、模块化器件，使电台体积小、重量轻、耗电省、便于维护和提高可靠性；采用微处理机技术，提高通信设备的调谐、检测、遥控等自动化水平；采用性能优良的终端设备，提高抗衰落和抗多径效应的能力；采用跳频、扩频技术，提高抗干扰性能。

【点评】卫星通信问世以来，许多短波通信业务被卫星通信所代替，但由于短波通信具有独特优点以及新技术的不断开发与应用，使它在军事上仍是一种不可缺少的通信方式。

微波通信技术：现代通信的主力军

微波通信，是指利用波长为 1 米 ~ 0.1 毫米（频率为 0.3 ~ 3000 吉赫）的电磁波进行的通信。包括微波接力通信、散射通信、卫星通信、毫米波通信及波导通信等。微波通信具有频段宽、容量大、质量高、抗干扰能力强等优点，可实施点对点、一点对多点或广播等形式的通信联络。它是现代通信网的主要传输方式之一，也是空间通信的主要方式。在军事上广泛用于战略或地域通信，也用于战术通信。

微波按照波长可划分为分米波、厘米波、毫米波和亚毫米波，其中部分波段常用代号来表示：L 以下波段适用于移动通信。S 至 Ku 波段适用于以地球表面为基地的通信，其中，C 波段的应用最为普遍。毫米波适用于空间通信。为满足通信容量不断增长的需要，已开始采用 K 和 Ka 波段进行地球站与空间站之间的通信。此外，V 波段的 60 吉赫电波在大气中衰减较大，适宜于近距离保密通信。W 波段的 94 吉赫电波在大气中衰减很小，适合于地球站与空间站之间的远距离通信。

微波通信系统由发信机、收信机、多路复用设备、用户设备和天馈线等组成。其中，发信机由调制器、上变频器、高功率放大器组成；收信机由低噪声放大器、下变频器、解调器组成；天馈线设备由天线馈线、双工器及天线组成。其工作原理是：用户设备把各种要传输的信息变换成基带信号或把基带信号变换成原信息。多路复用设备可使多个用户的信号共用一个传输信道。调制器把基带信号调制到中频（频率一般为数十至数百兆赫）上，也可直接调制到射频上，常用的调制方式为调频、调相或混合调制；解调器的功能与调制器相反。上、下变频器实现中频信号与微波信号之间的频率变换。高功率放大器把发射信号提高到足够的电平，有的可达数千瓦甚至数十千瓦，以满足在信道中传输的需要。微波功率放大通常采用固态微波功率放大器，数百瓦以上的功率放大器，须采用行波管或速调管。低噪声放大主要采用场效应晶体管放大器，也可采用参量放大器，以提高接收机的灵敏度。天馈线设备是传输和辐射（或接收）射频电磁波的装置。微波通信天线一般为强方向性、高效率、高增益的反射面天线，常用的有抛物面天线、卡塞格伦天线等。馈线主要采用波导或同轴电缆。

按信号形式的不同，可分为模拟微波通信和数字微波通信。模拟微波通信主要用于传输多路载波电话、载波电报及电视等，其调制方式一般为调频。数字微波通信主要用于传输多路数字电话、高速数据、可视电话及数字电视等，调制方式一般为移频键控和移相键控。在高速率大容量系统中，采用多元正交移幅键控。微波通信的主要方式有接力通信、对流层散射通信和卫星通信。微波接力通信传输可靠、质量高、发射功率较小，天线口径一般在 3 米以下，设备易小型化，主要用于国内电话和电视的传输，也是军事通信网中重要的传输方式。微波对流层散射通信的单跳距离为 100 ~ 500 千米，跨越距离远，信道不受核爆炸的影响，在军事通信中受到重视。卫星通信具有广播和多址连接的特点，通信质量高，距离远，是国际通信与电视转播的主要方式，也是国内通信与电视广播的重要方式，在军事上获得了广泛的应用。此外，各种车、舰及机载移动式或可搬移式微波通信系统也是通信网的重要组成部分，适用于战术通信，亦可用于救灾或战时快速抢通被毁的通信线路，开通新的通信干线或建立地域通信网等。

1931 年在英国的多佛尔与法国的加来之间建起了世界上第一条微波通信线路，掀开了人类利用微波通信的新纪元。第二次世界大战后，微波接力通信得到迅速发展。1955 年对流层散射通信在北美问世。20 世纪 50 年代末开始进行卫星通信试验，20 世纪 60 年代中期投入使用。80 年代，毫米波通信已部分投入使用。中国的微波通信是从 50 年代开始发展的，1956 年，北京至保定建立了国内第一条微波接力线路。70 年代中期，全国已建成数万千米的微波接力线路，连通了国内绝大多数省、市、自治区。在此期间，还进行了散射通信与毫米波波导通信试验并开始发展卫星通信。70 年代后期，中国人民解放军已装备一定数量的战略与战术微波通信设备，建成了若干对流层散射通信线路和数字卫星通信线路，并将数字微波接力通信用于地域通信网中。80 年代后期，中国的微波通信网路已具有相当的规模。今后，微波通信的发展趋势是：开发更高的应用频段，采用新的调制技术，进一步扩大通信容量；微波通信系统正向数字化、集成化、微型化方向发展，并与计算机相结合，实现无人值守及自动化管理，进一步提高在战争环境及电子对抗条件下的生存能力。

【点评】微波通信尤其是在微波通信基础上发展起来的数字微波接力通信，具有传输容量大、上下话路方便、长途传输质稳定、投资小、建站快等优点，适应现代信息对传输的要求，已与光纤通信、卫星通信一起被称为现代通信传输的三大支柱，已成为现代军事通信中特别是战术通信中的一种主要的通信手段。

超短波通信技术："遥控"飞机

在空战中，地面怎么对高空中的战机进行指挥呢？这个问题在飞机出现后，实实在在地使人们困惑了很长一段时间。但不管什么问题，是难不倒科学家的，研究人员经过研究果断地将超短波通信技术用于地/空通信。

米格-29 战斗机

什么是超短波通信呢？主要是指波长为 1～10 米（频率为 30～300 兆赫）的无线电通信，又称甚高频通信或米波通信。按使用设备和传输方式的不同，超短波通信可分为电台通信、接力通信、卫星通信、散射通信和流星余迹通信等。超短波通信广泛应用于步兵团以下部队的近距离通信，以及炮兵、坦克、舰艇和航空通信，以通话为主，而其中对于地空通信来说更是应用广泛；超短波无线电接力通信、卫星通信、散射通信、流星余迹通信，一般用于战役、战术通信。

超短波通信靠地面波、空间波（视距传播）和散射波传递信息。超短波电台通信使用鞭形天线时，主要靠地面波传播，通信距离一般只有数千米。使用高架定向天线时，靠空间波传播，地面通信距离通常为 20 ~ 50 千米。通信距离的远近与天线的高度和地形关系较大，地面通信使用天线越高，地形越平坦，通信距离就越远，正是利用此优点，超短波通信才广泛应用在了地/空通信上，因为，地空通信或空空通信之间的障碍物少，对短波的吸收也就比较少，使得通信更为流畅。超短波接力通信是利用空间波传播，经地面中间站转发实现的超视距通信。

我们先来认识一下地/空超短波通信的组成。地/空超短波通信系统主要由机载电台和地面电台组成，后者包括塔台、对空台、救生台以及各种陆/空协同电台（含目标引导台）、海/空协同电台等。机载电台装于各种飞机上，用于飞机与地面（含海面）以及飞机与飞机之间的通信。塔台一般配置在机场（通常在跑道附近），主要用于飞机起飞、降落时的指挥和调度通信。对空台主要配置在战术指挥所和航空管制部门，为了增大通信距离，通常把对空台设置在指挥所和航空管制部门的楼上或附近的高山上，主要用于对在本空域飞行的飞机实施指挥通信和航空管制。对空台与塔台的主要区别仅在于前者的发射功率大于后者，以增大通信距离。救生台是飞行员救生装置的重要组成部分。一般体积较小、重量较轻，便于操作使用和携带。主要用于飞行员跳伞后，以便在地面（或海面）上进行必要的救生通信。目标引导台是在现行体制下，为实现陆/空协同作战，由空军派往陆军的目标引导组所使用的地/空超短波电台。主要用于为近程飞机指引目标而进行的陆/空协同通信。目标引导台与塔台的主要区别在于前者为背负式电台。其他陆/空、海/空协同电台，主要是为陆/空和海/空协同通信时使用，其技术体制应与机载电台一致或兼容。

地/空超短波通信是一种移动通信，是采用超短波来进行的一种无线电通信。由于移动体（飞机或其他航空器）上的天线位置较高（飞行时），而电磁波传播主要是直射波，绕射波和散射波的分量很小，所以不像地面移动通信那样存在着比较严重的衰落。电磁波在传播过程中主要是存在着自由空间衰耗，这种衰耗与电磁波频率的平方成正比，与传播距离的平方也成正比。也就是说频率越高，电磁波的衰耗越大；传播距离越远，电磁波的衰耗也越大。这种频段电磁波的传播与光波传播很相近，主要是直线传播，所以受地球曲率限制。当飞机的飞行高度越高，通信距离越远；地面天线的架设高度越高，通信距离也越远。

地/空通信可以追溯到飞机出现后的 1912 年，但地/空超短波通信的出现还是第二次世界大战的事。第二次世界大战后，由于航空工业和电子工业的迅速发展，地/空超短波通信得到了广泛应用。初期，地/空超短波通信主要是机载电台和地面电台之间构成单一的常规话音通信。能反映各时期地/空超短波通信发展进程的主要是机载电台。第一代电台是电子管电台，典型代表是美军 AN/ARC-34 电台。该电台采用小型电子管和印制电路设计，频段225～400MHz，波道间隔 100kHz，波道总数 1750 个，预置波道 20 个，工作方式为调幅（AM）话。第二代为晶体管电台，其中典型产品为 AN/ARC-51BX 电台，装备美、英等 10 多个国家近 30 多种飞机。该电台全部采用晶体管电路，波道间隔缩小到 50kHz，波道总数增加了一倍，达到 3500 个，功能增加了救全双收、自动定向（ADF）或归航（HOM）等。20 世纪 70 年代的地/空超短波电台已发展到第三代全固态电台。这一代电台采用了微处理器、数字式频率合成、功率合成、已调波放大、功率电平自动调整以及音频压缩等一系列新技术，因而其性能比第二代电台明显提高了一个等级，而可靠性的平均无故障工作时间由原来的 300～500 小时提高到 1000 小时以上，通信业务已由单一的话音业务扩展到数据业务，且话音开始加密。进入 20 世纪 80 年代以来，随着高科技的迅速发展，超大规模集成电路、超小型微处理器、微小型元器件、表面贴装等各种新技术的进一步应用，地/空超短波通信又进入一个全面发展时期，开始采用多频段（三频段或四频段），功能齐全，并增加了故障自检测功能，且体积小、重量轻，且在抗干扰地/空超短波通信方面，各国纷纷发展直接系列扩频、跳频、跳时、天线自适应调零等抗干扰新技术。

随着频率分集、空间分集、自适应均衡和各种调制方法等新技术的涌现，超短波通信系统逐步完善，现已有许多较先进的 VHF 系统装备到各种类型的舰船上，如工作于 30 ~ 400 MHz 频带的 AN/ARC-182 电台、工作频率为 30 ~ 88 MHz 的 SINCGAS（单信道地面和机载无线系统）I/II 型舰载终端以及 30 ~ 76.0MHz 频率范围内的 AN/VRC-40 系列电台，已用于两栖作战的舰对岸通信和海岸的陆地移动通信；在 225 ~ 400 MHz 这一 VHF 和 UHF 交叠频带上的 AN/WCS-3（V）6、AN/URC-93.4A 号链和 HAVEQUICKII 舰载视距无线电设备已在舰对空、舰对舰通信及反电子对抗措施中发挥着重要作用；多频段（HF/UHF）Link-14 和 Link-11 数据链路以及联合战术信息分配系统（Link-16JTIDS）已成为海军各舰船、飞机、潜艇间的重要联络工具。

【点评】随着微电子技术、计算机技术、扩频技术和保密技术的迅速发展，超短波通信的抗干扰和电磁兼容能力、保密性和可靠性、自动化和数字化程度将明显提高，超短波通信装备将进一步实现系列化和小型化，"遥控"飞机的能力更强。

软件无线电台技术：无线通信的革命

谈起软件无线电台，大家可能普遍感到惊奇，电台不都是硬件吗，熟悉的有方方正正形的，还有手持的等。怎么会出现软件电台呢？其实软件电台并不是虚拟软件，是一种软件定义的电台（software-defined radio，SDR），又称软件可编程电台或软件电台。软件电台的关键技术包括宽带天线和多频段天线、高速模/数和数/模变换、高速数字信号处理等。这些技术大多业已成熟，为研制软件电台奠定了基础，估计 2010 年后软件电台将开始大量装备发达国家的部队，从而改变现代通信的面貌。

软件电台的大部分功能的实现依赖于软件。电台软件就像计算机软件一样可以重新编程。用于不同频段和工作方式的多种波形，可以作为一种软件算法装入电台内，而不必再用硬件嵌入的方式（即"固件"）来实现。这有助于多频段多模式电台的发展，能用 1 部电台满足不同的通信需求。对用户而言，软件电台最显著的优点是只要输入软件指令，无须替换硬件部件，就可以改变电台的带宽、调制方式、保密等级和波形。软件电台的其他优点包括易于互通、易于集成进各种平台、易于升级以保持技术上的先进性、管理方便、全寿命费用较低等。此外，由于软件的可移植性，一个厂商制造的软件电台的功能可以移植到另一个厂商制造的符合通用体系结构的硬件上去，而无论电台内部是如何设计的或为何种用途设计的。

第一个军用软件电台计划是美军于 20 世纪 90 年代初开始实施的"易通话"计划。其目的是研制一种多频段方式的软件战术电台，用来取代现役的多种电台，以解决 4 个军种电台的互通问题。"易通话"工作在 2～2000 兆赫，能与高频、甚高频、C、L、X 波段的 15 种类型的电台兼容，能同时处理 4 种不同的调制波形，是一个能进行话音和数据传输的超级掌上电台。该计划发展至今天，就是美军的联合战术无线电系统。联合战术无线电系统建立在通用的开放体系结构上。它工作在 2～2000 兆赫，能传话音、数据和视频信号；它是保密的、"即插即用"的，可在战场上按需配置模块、硬件和波形软件；具有内嵌式定位、自动局域网寻由和因特网寻由功能，以及动态组网、寻址和带宽分配功能；能自动把感知的态势反馈给网络，而且能在运动中工作，以保证动中通。

目前欧洲各国对发展军用软件无线电台观点不一，大致分为三

雷声公司研制的联合战术无线电系统基
本样机

类：已按照本国标准研制和生产军用软件无线电台（SDR）的国
家，如英国、德国、土耳其；按照美国"联合战术无线电系统"
（JTRS）软件通信架构（SCA）制定软件无线电台采购政策的国家，
如芬兰、法国、意大利、瑞典、西班牙、波兰等；处于观望的国
家，如荷兰认为软件无线电台是满足未来通信需求的一个可能而非
绝对的解决方案。

英国已经分别研制了舰载、星载和机载的软件无线电台。英国
海军的 45 型"勇敢"级驱逐舰装备了"完全集成通信系统"
（FICS），其核心就是 8000 系列软件无线电系统。该系统包括低频/
中频/高频（LF/MF/HF）、甚高频/特高频（VHF/UHF）两种软件
电台配置，具有定制的加密、波形与接口特性。LF/MF/HF 配置包
括 1 个发射/接收机柜（3 个 3 信道软件电台）、1 个接收机柜（1
个 3 信道软件电台）以及 1 个功率放大器机柜。VHF/UHF 配置包
括 1 个收发器/多路耦合器机柜（3 个 3 信道软件电台）和 1 个功率
放大器/组合器机柜。8000 系列软件无线电系统提供符合北约"标
准化协议"以及"美军标准"等的 HF 波形与电路。英国软件无线

电台（SDR）技术的另一个应用领域是卫星通信。其"天网-5"卫星安装了"范例调制解调器"（PM）。PM基于SCA的X波段，具有分离的"黑"端与"红"端，分别处理射频以及话音/数据系统的输入/输出。英军还在积极研制机载SDR电台——M3AR机载电台。该电台是英国空军"狂风"GR.4A攻击机升级计划的一部分，也是A400M运输机的标准电台。

【点评】尽管当前传统电台在各国部队中仍有很大的装备量，软件无线电台在西方军事发达国家也没有大规模装备，但软件无线电台的优异性能已然决定：在未来战场上软件无线电台将一统天下。

宽带全球通信技术：揭秘"宽带全球通信卫星"

2008年5月12日美国波音公司宣布，可覆盖太平洋地区的美军宽带全球卫星通信-1（Wideband Global Satcom-1，WGS-1）卫星正式投入运行，开始为美国海外军事行动提供重要支持。并指出，

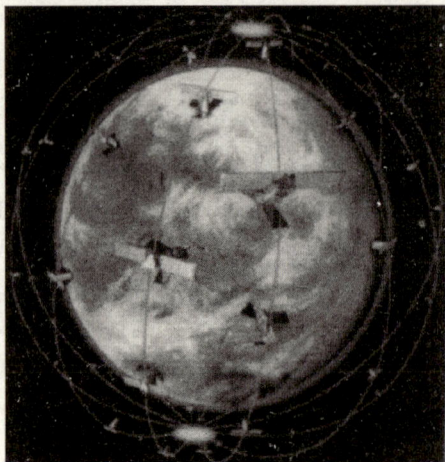

环球通信系统

这是美国关键的军用卫星通信项目，对美国军用卫星通信具有重要的影响，能使美国及其盟国的军用卫星通信能力产生巨大的飞跃。那么，宽带全球通信卫星到底是怎么回事呢？

原来，宽带全球卫星通信卫星原称"宽带填隙卫星"，源自1997年递交高级作战人员论坛的一份简报。经过美国波音公司、美国空军航天司令部、美国战略司令部与美国陆军航天与导弹防御司令部/陆军武装部队战略司令部（SMDC/ARSTRAT）10年合作，宽带全球卫星通信终于迈出了关键一步。宽带全球卫星通信卫星的采购部门是美国空军航天司令部空间与导弹系统中心，它由美国空军与陆军联合组建。文章开头提及的 WGS-1 是计划采购的 6 颗卫星（3 颗备用）的第一颗，美空军 2008 年 12 月 17 日宣布，授予波音公司价值 2.3 亿美元的合同，开始生产"宽带全球卫星通信"（WGS）星座中的第六颗也是最后一颗卫星，其他卫星将陆续发射，并提供真正意义的全球覆盖。宽带全球卫星通信星座将增强并最终替代国防卫星通信系统（DSCS），并在美国国防部通信体系转型中扮演重要角色。实际上，从 2008 年 4 月 15 日开始，原有的国防卫星通信系统用户已经开始从 DSCS-B9 卫星向 WGS-1 卫星转移。

WGS-1 卫星位于波利尼西亚上空的地球同步轨道，主要覆盖美军太平洋司令部（PACOM）管辖地区。覆盖地区跨度极大，从美国东海岸到本土再到非洲东海岸，从南极到北极，超过地球表面面积的 50%。而且多数地区属于蓝水区域，难以接入信息高速公路。卫星通信对于美国太平洋司令部下辖部队至关重要。WGS-1 的投入使用极大地提升了美军卫星通信的带宽和能力。每颗宽带全球卫星通信卫星将提供超过国防卫星通信系统卫星 10 倍的容量，可以在 X 和 Ka 频段增强国防卫星通信系统卫星和全球广播系统。目前的国防卫星通信系统只能提供单向 Ka 频段信号，而宽带全球卫星通信卫星能支持双向 Ka 频段通信，同时具备了跨频段通信、频率复用和带宽交换的能力。而它的跨频传输能力对美军而言意义重大，显著提高了作战人员的灵活性、作战能力和连通性，增强了态势感知能力，加快了传感器到射手的时间，并且增强了美军的网络中心战能力。宽带全球卫星通信系统将促进美军太平洋司令部完成各项任务，同时推动与美国政府其他部门以及美国盟友（如澳大利亚）间的协调，保护美国在亚太地区的安全利益。

宽带全球卫星通信卫星还具有以下优点：（1）容量大，可提供 4.875GHz 瞬时可交换带宽。系统可根据地面终端数据率和调制方案向战术用户提供 1.2 ~ 3.6 Gbit/s 的容量。这样每颗卫星可以提供超过 DSCSⅢ 服务寿命延长计划卫星 10 倍的容量。（2）覆盖率大，包括 19 个独立的覆盖区域，可以在每颗卫星可视地域内，南北纬 65°范围内为作战人员提供服务。这包括 8 个由独立发射与接收相控阵天线组成的可电调的 X 频段波束；10 个可调 Ka 频段波束（碟形天线配有独立的可调双工专用万向接头），其中 3 个具有可选极化；以及 1 个 X 频段地球覆盖波束。传统卫星由 1 个固定天线提供 1 种地面形状，从而对地面区域提供通信覆盖以及一定流量。而宽带全球卫星通信卫星相控阵天线具备数字电调和动态控制能力，可以改变波束形状或调整通信流量，从而根据不同的带宽需求提供服务。还可以通过扩大 X 频段通信管道，改变天线波束形状以及控制信号。（3）连通性强，可以提高用户之间通信的带宽效率。数字信道选择器将上行链路带宽分为 1500 个 2.6MHz 的"分信道"，每个分信道都是独立且可进行路由选择的。通过这种方式实现从"任意覆盖到任意覆盖"之间的最大化连通（包括 X-Ka 与 Ka-X 之间的跨频段通信）。还可以通过信道选择器在 X 频段与 Ka 频段之间发送信息。此前 X 频段与 Ka 频段都有各自专用的地面设施，几乎没有跨频段通信能力。但现在宽带全球卫星通信卫星数字信道选择器则可以在频段间实现路由选择通信，从而使作战人员在呼叫空中或地面支援时不再受频段限制。（4）操作灵活性大，信道选择器支持组播与广播业务，并为网络控制提供了一种灵活有效的上行频谱监测能力。（5）在轨性能好，宽带全球卫星通信数据速率超过3Gbit/s，远远超出整个国防卫星通信系统约0.25Gbit/s的速度，而且宽带全球卫星通信系统的速率可调。此外，其在全球拥有6个地面站，可以完成波束以及跨频段操作处理。

【点评】宽带全球卫星通信系统原本是作为转型卫星通信系统悬而未决之前的一种过渡产品，因此，获得了一个"填隙卫星"的称号。但现在看来，宽带全球卫星通信系统已经完成了从"填隙卫星"到"全球卫星"的演变，说明它已经不再被视为一个"中间步骤"，而是卫星通信新时代的开始，将为美军作战人员提供不可估量的通信能力。下一代宽带全球卫星通信系统一个重要方面将是增强情报、监视和侦察支持能力。

流星余迹突发通信技术：可以传话的流星

晴朗的夜晚，当我们抬头仰望天空，有时候会发现一个明亮的光点划破长空，飞驰而过，这就是流星，有时候还有流星雨呢。你知道吗？流星余迹也可以用来通信。

首先，我们先来认识一下流星。从构成上来说，流星是一些在太空飘浮和运动着的太空尘粒、小石块等物体，其中大部分来自彗星的尾部，它们也是太阳系的成员。当它们在绕太阳运动的过程中，有时会被地球吸引，以11~72km/s的速度穿越地球大气层，在此过程中，会与大气强烈摩擦燃烧，产生高温发光而烧毁，形成我们肉眼能看见的流星。流星通常在距地面80~12km的高度出现，因为多数流星的体积较小，在上述高度内已经燃烧殆尽，个别较大体积的流星可以延续到10~20km的高度才能燃烧完。

流星的到达规律具有昼夜变化和季节变化特性。流星到达速率在一昼夜中的变化规律具有正弦特性，并且其峰值与谷值比约为

4：1，峰值出现在拂晓，而谷值出现在黄昏。流星到达速率的季节变化也会造成其峰值与谷值比约在2：1与4：1之间。另外，还存在与太阳黑子活动周期有关的11或22年流星活动的周期性。据天文观测，每昼夜约有几十吨、数以百亿计的流星（包括宇宙尘埃）进入地球大气层，它们以极高的速度（11.3 ~72 km/s）与空气分子发生猛烈的碰撞和摩擦，产生高温，燃烧发光并导致其周围空气急剧电离，在离地面80 ~120 km高空留下一条细长的、短持续时间的电离气体柱，即流星余迹。这些流星余迹的电子密度很大，犹如一个金属圆柱体，对无线电波具有反射作用。如果用这种方式来传递无线电信号，就是我们常说的流星余迹通信。流星余迹长数十千米，初期半径0.5米至数米，数秒内扩散。由于流星余迹都是偶发事件，其持续时间一般在几秒至几分钟，且能够用于通信的时间一般还不到1秒钟时间，所以流星余迹通信属于突发通信。

　　一个流星突发通信系统主要包括两大部分：主站（一个或多个）和远端站（数量较多）。整个通信系统有两种工作状态，一种是等待状态，另一种是突发状态。流星余迹通信线路平均等待的时间根据所在空间的位置和季节有所不同。一般在流星余迹较多的季节为3秒钟，在流星余迹较少的季节长达15分钟以上，信息通过量也是流星余迹通信的一个重要指标，一般情况下，由于流星余迹的存续时间小于1秒，因此其通过量大约是平均每分钟75个字符。工作过程如下：当收发双方的天线波束相交的区域内没有出现合适的可供利用的流星余迹的时候，整个系统处于待发待收状态。这时，将要发送的信息（非对话信息）存储在双方的存储器内。为了探测和捕获流星余迹，发信机不断地向接收一方发送试探信号。当合适的流星余迹一出现，试探信号就传送到对方。接收端经过识别，如果确认是发给自己的，就从等待状态切换到"突发"状态，并发出一个应答信号，如果有待发数据，就把数据突发给对方，发方收到应答信号经过识别以后，整个通信系统就由待发状态迅速切换到突发状态（切换时间只有四五十分之一秒）。自动控制装置以极快的速度打开发信机，此时发信机将事先存储好的信息，以突发方式发射出去。与此同时，平时处于"待收"状态的接收机自动"突发"接收来自对方的信息。流星余迹一消失，通信系统自动恢复到等待状态，准备下次出现流星余迹时继续通信。一份信息量比较大的数据报文，往往需要经过几次传送才能完成，收方将断续收到的信息先存储起来，在收到全部内容后再组装为一份完整的报文。

由于流星余迹通信方式具有许多独特的优点，在经历近50年冷冷热热的发展历程后，如今越来越受到重视而予以大力开发，并广泛应用于军事领域。主要优点有：通信距离远，单跳跨距可达2000 km（电离余迹高度为100 km时），若加中继可通得更远；与卫星和短波通信相比，电波方向性较强，且存在"足迹"和"热点"等特性，因而抗截收、抗干扰能力强，不易遭受非视距干扰；受核爆炸、太阳黑子、极盖中断和极光现象影响小，不会像短波那样可能存在长期中断通信的结果，尤其是核爆后能很快恢复，顽存性强；由于是突发间断通信，其隐蔽性、保密性、抗毁性均优于其他通信方式；工作在 40～50MHz 频段范围，传输损耗较小，且是恒定值；可靠性高，无须像短波通信那样要经常改变频率才能工作；相互干扰小，频谱利用率高；流星电离余迹反射或散射的空间是分散的，实现约束小；设备简单，自动化程度高，无须频率配置，操作方便；有较大的自主权，不像卫星通信那样必须申请使用权；一次性投资和运营费用远低于卫星通信（一般是几分之一），故有"贫民卫星"和"自然卫星"之称。

目前外军的流星余迹应用日趋广泛，尤其是支援短波通信、用作卫星通信的替代手段、突发事件时的应急通信及核打击后的最低限度应急通信方面。美军早在 1995 年就将流星余迹通信列为十大重要通信手段之一。而且，还应用在越来越多的民用通信领域，特别是一些无人值守的场合，如大范围的气象数据采集、海上浮标的海情数据采集、孤岛上灯塔的自动控制、高速公路的路况数据采集等。在我国，虽然较早开始研究流星余迹通信技术，但应用极其有限。在美国，北美防空指挥部的早期警报系统，就是使用 41～46 MHz 的流星余迹通信系统，连接散布于加拿大和阿拉斯加的 13 个远端站，系统的平均连接时间是 12 min。美军在应急时刻考虑采用流星余迹通信作为数字化战场的通信手段，就是基于流星余迹通信系统的这种点对点和通播传输的新方法，能渗透战区规模的区域，使战地指挥员有最大机会得到战场的完整态势，并接近于实时地传输应急信息。

【点评】不管现在或是将来，流星余迹通信在支援短波通信、用作卫星通信的替代手段、突发事件时的应急通信及核打击后的最低限度应急通信方面有着突出的地位和作用，都是不可替代的。

有线通信技术：电磁战中的通信主力

现代社会，手机、无线上网等无线设备的发展，使人们逐渐忽略了有线通信的重要性，更有一部分人认为，有线通信过时了。但海湾战争的实践证明：信息化条件下的战争，空袭一方必将以强大的"电磁准备"拉开序幕，并贯穿于战争的全过程。为了隐蔽我方作战行动企图和预防敌人过早对我无线电通信设施实施侦察和干扰，战前、战时必须严格控制无线电通信，而使用相对隐蔽、具有较好保密性的有线通信。

有线是怎么实现通信的呢？有线电通信系统由用户设备、交换设备和传输设备等组成。用户设备的作用是：在发信端，将信息变换成电信号输入到系统；在收信端，再将系统输出的电信号恢复成信息。常用的用户设备有电话机、电传打字机、数据终端设备和可视终端设备（如用户传真机、书写电话机、可视电话机）等。

交换设备连接所有的用户，用以在需要通信的两用户之间建立暂时的接续。分为电话交换机、电报交换机和数据交换机。连接本地电话用户的称为本地电话交换机（市内电话交换机），连接长途通信线路，能与外地用户相连通的称为长途电话交换机。

传输设备包括线路设备和多路复用设备（终端设备）。线路设备包括通信线路和增音（中继）设备，通信线路为传递各类电信号提供通道，可根据通信任务、通信距离和通信容量，采用相应类型的通信线路；增音（中继）设备用以延长传输距离。多路复用设备用以提高线路的利用率。在一条通信线路上传输两个以上相互独立的信号，称为多路复用。在有线电通信中，常用的多路复用技术有频率分割制（频分复用）和时间分割制（时分复用）两种。频分复用是将公共信道可供使用的频带划分为若干个频段，各路信号对不同频率的载波进行调制，搬移到不同的频段，每个频段构成一条独立的传输信道，同时在同一条线路上传输，用这种复用方式实现的多路通信称为载波通信。根据业务种类的不同又分为载波电话通信和载波电报通信。载波通信技术成熟，频带利用经济，一个标准话路占 4 千赫带宽，一个载波话路可以容纳 16 或 24 个载波报路。它是目前有线电通信的主要方式。时分复用是将公共信道按时间顺序分割成许多个极为短暂的时间间隔，称为时隙。各路信号以较高频次依次轮流占用各自的时隙。在占用时隙的瞬间提取这一路信号的振幅值，称为抽样值。虽然各路信号占用时隙的时间不是连续的，提取的该路信号的抽样值也不是连续的，但只要每秒抽样值的数目大于原始信号最高频率的两倍，就能保证在收信端不失真地恢复出原始信号。在有线电通信中，常将各抽样值编成数字代码传输，这属于数字通信范畴。常用的有脉冲编码调制（PCM）和增量调制（ΔM）两种编码方式，此外广泛应用的还有自适应差分脉码调制（ADPCM）和码激励线性预测编码（CELP）等线性预测技术的新型编码方式。时分数字通信，技术较复杂，占用频带宽，需要网同步，但抗干扰性能好，易于加密，易于兼容电话、电报、数据与图像等通信业务，在军事通信各个领域中，所占比重日益增加。随着通信需求量的急剧增长，不仅在长途传输中，而且在本地通信网络电话站（局）之间的中继线中，甚至一些用户环路中也采用了多路复用方式。

有线电通信一般采用网络形式组织通信联络。在战略通信网中，由于覆盖面宽，不可能在所有的长途终端站之间都直接用长途线路相连，总是选择本区域内适当的地点作为长途汇接中心，本区域内的终端站通过汇接中心与其他区域的汇接中心相连。在一些幅员辽阔的国家，往往要设置二至三级汇接中心才能覆盖全部地区，构成二重或三重星形结构的通信网。为了增强通信网的抗毁性和提高指挥的灵活性，可在战略位置适当的地点设置若干个一级汇接中心。野战有线电通信网的基本组织形式有支线式、干线式和支线干线结合式。根据需要可以组织有线电通信网，也可以与无线电通信等其他通信手段综合组网。

军用有线电通信，按传输媒介的不同，分为被覆线通信、架空明线通信和电缆通信；按复用方式的不同，分为频分制多路通信和时分制多路通信；按传输信号形式的不同，分为模拟通信和数字通信。被覆线通信以被覆线作为传输媒介。它与架空明线和电缆通信相比，建立时间短，机动性好，适用于野战条件下的近距离通信，但通信容量小，通信质量低，抗毁性差。架空明线通信以架空裸金属导线作为传输媒介。它与被覆线通信相比，通信容量较大，通信质量较高，可以实现远距离通信，但建立时间长，易遭破坏，存在一定的电磁辐射，信号易被截获。在战略通信网中，架空明线线路只能作为地下电缆干线的补充。电缆通信以通信电缆作为传输媒介。它分为野战电缆通信和永备电缆通信。野战电缆通信机动性好，适于野战条件下使用。永备电缆通信的通信容量大，通信质量高，性能稳定，保密性和抗毁性优于其他有线电通信方式。但其增音段短，建设投资大，技术较复杂，施工时间长，机动性差，遭受破坏后修复费时。地下（水下）通信电缆可用作战略和战役通信网的干线，也可用于坚固设防阵地的通信。

架空明线通信

19 世纪初，人们就开始试验用导线进行远距离通信。1837 年，美国人 S. F. B. 莫尔斯研制出最早的电报机，使有线电报通信进入了实用阶段。1854 年，有线电报开始用于军事通信。1866 年，第一条横跨大西洋的海底电报电缆敷设成功。1876 年，美国 A. G. 贝尔展示了他所发明的有线电话。1877 年，有线电话开始用于军事通信。1877 年，中国开始建立军用有线电报线路，20 世纪初建立了军用有线电话通信。中国人民解放军从 1927 年 8 月 1 日建军起就使用了有线电通信，革命战争年代有线电通信发挥了重要作用。中华人民共和国成立后，开始建立军队的专用有线电通信网，包括军用的长途电话网和市内电话网，军用有线电通信设备不断增加、改善与更新。20 世纪 60～70 年代期间，建成了具有一定规模的军用地下电缆载波通信网，80 年代改进与增强了通信网络的交换功能，进一步完善网络结构使军用有线电通信网成为军事通信网的主要组成部分。

大规模集成电路工艺、计算机技术、数字通信技术等的出现，推动了有线电通信的迅速发展。传输与交换设备加速采用数字化技术，交换设备由布线逻辑控制方式发展为存储程序控制方式，提高了服务质量，增强了交换功能，扩大了业务范围。用户设备逐渐智能化和程序化，出现了各种智能电话机，具有存储、转发、编辑、加密和解密功能的电传打字机和传真机，具有查询、检索功能的可视数据终端等。有线电通信网的功能和业务范围正在发生变化，由单纯的传输系统发展为具有传输、交换、处理、存储、检索和识别等多种功能的信息系统，各种单一功能的通信网将发展成为统一的综合业务数字网。

【点评】现代战争中，有线通信尤其是永备电缆通信不仅没有过时，并且凭借其通信容量大，通信质量高，性能稳定，保密性和抗毁性强优势，作为战略和战役通信网的干线，并广泛用于坚固设防阵地和城市防空通信等领域。

空间通信技术："天籁"之音

中国在 1970 年 4 月发射了第一颗人造地球卫星"东方红"1号，它向地球发回了乐曲和遥测信号，被当时的人们激动地称呼为"天籁"之音，也迈出了我国空间通信的第一步。那么，什么是空间通信呢？

空间通信，是指利用电磁波在星体（包括人造卫星、宇宙飞船等航天器）之间进行的通信，又称宇宙通信。它包括地球站与航天器、航天器与航天器之间的通信，以及地球站之间通过卫星转发的卫星通信。地球站与航天器之间的通信分近空通信和深空通信。近空通信指地球站与地球卫星轨道上的航天器之间的通信，通信距离为数百至数十万千米；深空通信指地球站与离开地球卫星轨道的航天器之间的通信，通信距离达几亿至几十亿千米。空间通信通常工作在微波波段，靠直射波来传播信号。一个地球站跟踪航天器的范围有限，为了使传输的信号不中断，需设置由多个地球站组成的地面跟踪网。空间通信主要用途是：以卫星为中继站，实现地球上各地之间的通信以及广播、导航等信号的传输；航天器与地球站之间声音、图像、遥测和遥控数据等信号的传输。

空间通信距离远，信号极其微弱。为了保证可靠的通信，地球站必须装备高增益的抛物面天线，大功率的发信机，高灵敏度的低噪声收信机。航天器上的通信设备必须重量轻、体积小、耐辐射、寿命长、可靠性高、能经受冲击和振动。为了传输高速率的数据，航天器上需要一个高增益的定向天线并通过姿态控制系统保证其辐射方向指向通信对象。传输低速信号（如信标等），则用一个全向天线。传送探测数据、遥控指令及跟踪信号通常采用脉码调制时分多路通信方式。高分辨率的图像多采用数字通信方式。在深空通信中，为了实现从强噪声背景中提取信息，需采用特种编码和调制、相干接收及频带压缩等先进技术。

1946年，美国陆军进行了月球反射的通信试验。1957年10月，苏联成功地发射了世界上第一颗人造地球卫星，从而开始了利用航天器进行空间通信的历史。1959年10月，苏联"月球"3号探测器传回月球背面的第一张照片。自1965年国际通信卫星组织利用"晨鸟"号对地静止通信卫星首次进行商用通信以来，卫星通信已成为国际通信的主要手段，在军事上也得到了广泛的应用。1980年，美国"旅行者"1号探测器掠过土星，通过空间通信向地球发回了大量照片和资料。

我国于1984年4月8日发射了第一颗对地静止通信卫星，并于4月16日定点于东经125度赤道上空，进行了通信、广播和电视传输等试验。1988年3月7日、12月22日，1990年2月4日，1991年12月18日，中国相继发射了4颗东方红-2A实用通信卫星，除

东方红一号卫星

最后 1 颗因火箭故障未能入轨外，前 3 颗均运行良好，使中国的卫星通信和电视转播跨入一个新阶段，大大改变了边远地区收视难、通信难的状况，尤其是促进了卫星电视教育的发展。1997 年 5 月 12 日长征-3A 火箭成功发射了首颗东方红-3 通信卫星，使中国通信卫星水平一下跨越了 20 年。东方红-3 卫星载有 24 台 C 频段转发器，其中 6 台是 16W 中功率转发器，用于传输电视，其余 18 台是 SW 低功率转发器，用于传输电话、电报和电传及数据。至少可连续向全国同时传输 6 路彩色电视节目和 15000 路电话，工作寿命达 8 年。2006 年，首颗采用东方红-4 卫星平台的鑫诺-2 电视直播卫星升空。该卫星发射质量为 5100kg，整星功率需求 7.6kW，有效载荷功率为 5.6kW。它载有 22 台使用 150W 行波管放大器的大功率 Ku 频段转发器和 5 副天线，每台转发器至少可传输 6～10 套电视节目，整颗卫星可以传输 150～200 余套电视节目。

【点评】随着电子技术与空间技术的进步，逐步实现了地球站小型化、空间站大型化。在此基础上，空间通信将进一步朝着数字化、自动化及应用更高频段的方向发展。当前，世界上的军事大国都在大力发展空间通信，其中尤以美国技术最为领先，规模最为庞大，正全力推进其全球信息网格的架构与运用。

图像通信技术：图像缘何能够传播

信息化条件下，军事指挥员可以在战场的大后方实时观测到战场上的态势，使指挥员可以及时把握战场信息，做出正确的决策。这就是人们常说的可视化系统，但是图像是怎么传输的呢？这就要靠图像通信技术了。

图像通信就是指传输各种图像信息的通信方式。传输的图像可以是静态的，也可以是动态的。静态图像有静止图像和"凝固"图像。静止图像的信源是静止的，包括文字、真迹、图表、图书、报刊和照片等，传真通信传输的是静止图像。"凝固"图像是摄像机所摄取活动信源中一帧或一场的图像。动态图像是一幅幅动作连续的图像（如电视广播等）。图像按色调和灰度等级分为彩色、黑白和黑白二值图像；按空间维数分为平面和立体图像。图像通信传送信息直观、效率高，适应多种业务，但占用信道的频带较宽，成本高。图像通信在军事上有广泛用途，电视可用来观察和监视作战和演习现场、武器的发射与制导过程、水下和空间目标的运行情况；会议电视可用来召开各种军事会议。

现在就让我们认识一下图像通信系统的组成和工作原理：在发送端，电视摄像机、传真机等用户发送设备，把图像、文字等信息经过预处理（通过发送扫描和光电变换）变换成电信号，如要变换成数字信号传输，需经信源、信道编码，然后调制变换成适合信道传输的已调信号，送入信道；在接收端，将已调信号进行解调与反变换还原成电信号，然后由用户接收设备通过接收扫描和电光变换再现出图像和文字。再现方式有显像管显示和在纸张、感光胶片、录像带上的永久性记录。为保证图像显示和记录的完整，不发生破裂和扭曲，双方的扫描系统必须保持同步和同相工作。

图像通信包括电视广播、静态图像通信、会议电视、可视电话、交互型可视图文、书写通信、图文电视和传真通信等，这些都已经广泛应用于军事领域。

电视广播。用以传送带伴音的活动图像。工作原理是：在发送端，景物或图像通过摄像机光学系统在摄像管的光电靶上成像，利用电子束扫描依次轰击靶上各点，把光电靶上的成像分解成许多像素，依照被轰击点（像素）的明暗程度，通过光电转换器件变成强弱不同的视频电信号，再和伴音信号通过不同的调制、放大等变换成射频信号（所占频带约为 5～8 兆赫），送入信道传输；在接收端，将收到的射频信号进行放大、变频、检波、鉴频等过程，检波输出的视频信号加到显像管的栅极或阴极上，其电子束按摄像管电子束同样的方式扫描，强度受视频信号的控制，使荧光屏复现出发送端的图像或景物；与此同时，鉴频输出的音频信号经放大送给扬声器。

静态图像通信。包括传真通信和"凝固"图像通信。"凝固"图像电信号可利用模拟信道的话路或利用数字复用信道传输（速率在数十千比特/秒以下）。工作原理是：在发送端，由电视摄像机摄取一帧"凝固"图像，以低速扫描读出，通过电话线路传输；在接收端，先存储然后快速读出，在荧光屏上形成黑白或彩色图像。传送一幅图像需数秒至数分钟的时间，在此时间内，屏幕上看到的是定时转换的"凝固"图像。利用窄带信道传输活动图像时，须对传输速度进行变换。速度变换有低速扫描型和存储变换型两种。低速扫描型速度变换是在发送端用低速扫描电视摄像机对图像进行低速扫描和低速传输；接收端按低速把一帧（或一场）信号存储在视频存储器中，然后高速反复读出，在电视屏幕上复现原图。存储变换型速度变换是在发送端首先由普通摄像机摄下一帧图像信号，高速存储在视频存储器中，然后以低速读出并在窄带信道上传输；接收端把接收到的低速图像信号存储在视频存储器中，然后以高速反复读出送给电视接收机再现原图。"凝固"图像传输只需占用一个话路，用于长距离的图像传输既方便又经济。战时，可用来向指挥中心传送前沿阵地的景象；平时，可用来观察训练和作战演习实况。20世纪70年代，世界上一些发达国家开始研制和使用窄带图像传输系统。80年代，中国将此技术应用于军事和国民经济的一些部门。

会议电视。一种利用电视以会议形式交流信息的现代通信方式。它将不同地点的会议室通过电视系统连接起来，与会人员通过电视屏幕发表意见，同时能观察到对方的形象。会议电视室的主要设备有摄像机、显示器、微音器、扬声器、传真机、放大调制解调设备、图像处理设备和切换设备等。

可视电话。在通话的同时能看到对方形象的通信方式。又称电视电话。可实时传送通话双方的文字、图表和照片等。图像可以是动态的，也可以是静态的。可视电话系统由用户设备、传输设备及可视电话交换机（包括音频交换和图像交换）三部分组成。用户设备由摄像机、电视接收显示机、控制器和电话机组成。短距离传输时，线路采用音频电缆和视频电缆。长距离传输时，线路采用同轴电缆、光缆、微波接力和卫星通信线路等。一般使用3对传输线，其中2对线用作图像信号的收发，1对线用来通话。电视电话交换机需要进行6线交换，原理和普通电话交换机没有本质区别。电话部分的原理与普通电话通信一样，图像部分与电视原理相同。可视电话分宽带和窄带两种，宽带的带宽有1兆赫、4兆赫和6兆赫三种，常用的是1兆赫，传送动态图像；窄带的带宽从数千赫到数十千赫，通常占用一个话路4千赫，传送"凝固"图像。

交互型可视图文。利用电视接收机（或显示器）通过公用电话网或数据网，以与数据库对话的形式进行信息检索的一种双向文字、图形通信。用户端的电视接收机，用加装的适配器对输入信号进行译码，变换成适于显示的信号格式，并用键盘存取数据。数据库存储着数万乃至数百万页的信息（若干图像帧构成一页），并经常补充或更新，供用户随时检索。用户利用电话机拨通线路后，可按需要向数据库调看按页提供的信息。它可用于军队科研、管理、教育等方面。交互型可视图文为军队的有关数据和资料的现代化管理提供了方便，是一种很有发展前景的通信方式。20世纪70年代末，英国最先开发使用交互型可视图文。

书写通信。利用电话通路的部分频带实时传输用户手写字符或图形信息的一种通信方式。既能传送话音信号又能同时传送书写信号，也可切换传送。图文可以是黑白的，也可以是彩色的，能随写（画）随传。工作频率在300～3400赫范围内，用滤波器将其分割成两段，300～1900赫用以传输窄带话音信号，1900～3400赫用以传输书写信号。只进行通话时，电路工作在宽带（300～3400赫）；通话的同时又进行书写时，通话使用窄带。用户书写时，发方书写机把发信笔写在纸上的位置变化转换成坐标信号的变化，经调制后传送到对方；收方书写机用收到的信号控制相应的随动机构，使收信笔随发信笔的变化而动作，复制出发方书写的文字和图形。书写电话机设备简单，使用灵活方便，在嘈杂环境中不受干扰，适用于军事通信，但书写速度慢，分辨率较低。

图文电视通信

图文电视。利用电视信号场消隐期间未被利用的空闲电视行传送文字和图像信息的一种广播方式。又称广播电视报刊。在发送端，静止图像信息经编码器变换成数字信号，叠加在未被利用的若干电视行上，由电视发射机发送出去。在接收端，叠加在电视信号中的图文电视信号用解码器变换成图像信号，经信号处理后存储在显示存储器中，通过反复读出，在显像管屏幕上显示出来或打印成电视报纸。图文电视的节目内容，可以是与电视节目无关的独立节目，也可以是与电视节目内容有关的字幕解说、道白的外语解释等。20世纪60年代末，英国最早开始研究图文电视，1976年正式定时广播。

　　【点评】军事图像通信具有信息量大、形象逼真、临场感强等特点，平时广泛运用于军事教育训练、国防试验、日常管理，以及保障军事演习、召开远程会议、实施边境（海域）或试验现场监控等；战时则对增强战场感知能力有着突出作用，是各国军事通信关注的重点领域。

第四章　精确制导技术

炸弹制导技术：轰炸的革命

说起轰炸，人们可能立即会想起战争时期，轰炸机凌空像下冰雹似的往下扔炸弹。但现在不一样了，普通炸弹也长了眼睛，带了翅膀，能够精确轰炸了。

精确制导炸弹是在普通炸弹尾部加装一套制导组合件而成的，自 20 世纪 60 年代纳粹德国为普通航空炸弹加装无线电制导装置以及弹翼和尾翼，形成"弗里茨"X 无线电制导炸弹以来，至今已发展成由激光制导、卫星制导、集束弹和新概念等多种类型的精确制导炸弹。由于价格低廉，每枚弹的价格在 2 万至 4 万美元之间；攻击精度高，圆概率误差不超过 13 米；功能多样，能携带包括高爆、钻地、反装甲和集束等弹头，能攻击多种目标。激光制导炸弹首次投入使用是在越南战场上。据统计，整个越南战争期间，美军共投掷激光制导炸弹 25000 枚，炸毁重要目标 1800 个，其中还包括普通航弹难以摧毁的桥梁 106 座。其中，美空军空袭越南清化大桥是激光制导炸弹运用的典型战例。清化大桥位于河内以南 112 千米处，是从河内通往越南南部的铁路、公路必经之处，在 1965～1968 年的 4 年里，美空军曾出动数百架次飞机对其进行轰炸，结果"赔了夫人又折兵"，桥梁不仅没有摧毁，反倒损失飞机 10 多架。直到

俄罗斯 KAB-500L 激光制导炸弹

1972 年，美空军仅仅出动了几架飞机投了十几枚激光制导炸弹，就使得清化桥梁被彻底摧毁。

现在我们认识一下其大概工作过程，以激光制导炸弹为例，其过程为载机借助"激光目标指示器"，把激光束投射到目标上，激光束在目标表面产生漫反射，会有一部分激光反射到激光制导炸弹上，被炸弹"寻的器"接收，然后通过控制系统进行换算，控制炸弹的飞行舵调整炸弹航向，直至精确命中目标。

激光制导技术。激光制导技术是目前国外导弹、炸弹和炮弹普遍采用的制导技术，是以激光为信息载体，把导弹、炮弹或炸弹引向目标而实施精确打击的先进技术。精准是激光制导武器的鲜明特点，由于激光的单色性好，光束的发散角小，敌方很难对制导系统实施有效干扰，因而使它具有其他制导方式无法匹敌的优势。所以，当激光制导武器攻击固定或活动目标时，命中率极高，获得了广泛赞誉。2008 年 2 月 20 日，美国雷声公司在新加坡 2008 年航展上宣布，本年度前 2 个月里，公司已经接到了来自 2 个亚太国家的"宝石路"（激光制导）精确制导炸弹订单，总价值为 1 亿美元，并说激光制导仍是主流。激光制导通常有"视线式"和"寻的式"。"视线式"的典型代表是激光驾束制导，"寻的式"的典型代表是激光半主动式寻的制导，也是目前最常用的激光制导方式。激光制导简言之就是激光制导系统瞄准目标并连续发射激光，位于弹尾的激光接收器接收激光，控制弹体像"骑"着激光一样沿光束中心飞行。但激光驾束制导必须在可视条件下才能实现，因而适合在短程作战使用，射程一般在 3 公里以内。与激光驾束制导不同，激光半主动式寻的制导的激光接收器安装在弹体前端，而且由于发射器和激光目标指示器可以分离架设，从而可以实现较远的射程。

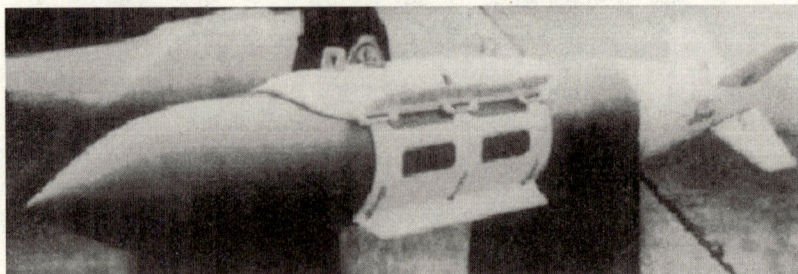

"联合直接攻击弹药"（JDAM）（杰达姆）

惯导加 GPS 制导技术。典型代表是"联合直接攻击弹药"（杰达姆），采用惯导加 GPS 制导的全天候精确制导武器，可以弥补激光制导炸弹的不足，目前，共发展了 3 种型号：一是 GBU-31，该型弹是在 907 千克 MK-84 型普通炸弹和 BLU-109/B 钻地弹的尾部加装制导组件而成的，该型弹的主要特点是重量重、威力大，用于攻击防空设施和坚固的地下军事设施等大型目标，首次使用在 1999年发生的科索沃战争中，由 B-2A 轰炸机投放，共投放了 656 枚，90% 的弹药的圆概率（CEP）误差达到了 12 米（设计圆概率误差为 13 米），摧毁了 87% 的目标。二是 GBU-32，该型弹是在 454 千克 MK-83 普通炸弹尾部加装制导组件而成的，主要是供美海军舰载机使用。舰载机是要在航母上着陆的，如由于天气或其他原因，炸弹未投出去，需带弹返航，考虑到航母甲板的承受能力，一般情况下，F/A-18 型机出动遂行攻击时只能携带 1 枚 907 千克的炸弹。如改用 454 千克的 GBU-32 型弹后，F/A-18 型机可携带 2 枚该型弹，攻击威力明显提高。三是 GBU-30，该型弹是采用 227 千克 MK-82 普通炸弹加装制导组件而成的，其优点主要是重量轻，可增加飞机的载弹量，提高突击效能，F-18E/F 可以携带 3 枚，B-2A 轰炸机可携带 80 枚，也就是说，B-2A 型机一次飞行可攻击 80 个目标，攻击威力大增，同时，由于弹小，可减小目标周围的附带损伤，因此，该型弹已成为美空、海军发展的重点。目前，重点是：增程，在弹体上加装机翼组件，使其射程达到 80 千米，为现有弹射程的 3 倍，具有防区外攻击的能力，而且还保持同样的精度；在弹的头部改装红外成像聚焦阵面导引头，使其具有打击动目标的能力，且攻击圆概率（CEP）仅 3 米；加装热成像相机，提高弹的抗干扰能力，尽管 GPS 制导精度较高，但容易受干扰。为克服这一弱点，美海军在弹上加装热成像相机，一旦 GPS 信号受到干扰，热成像相机在距目标 1.8 千米时就自动工作，引导炸弹投向目标。

GPS 制导炮弹从左至右：整体式反掩体炮弹、多用途子弹药炮弹、SADARM

电视制导技术。代表有乌克兰 632 型灵巧炸弹等，配用 T-2 电视导引头，该炸弹直径为 400 毫米，可用于攻击包括桥梁、建筑、舰船、跑道、雷达、战术导弹运输竖起/发射架和防空武器等在内的目标，当从 487.7 米高度投放时最大射程达到 8 千米，而当从 5029.2 米高度投放时最大射程达到 20 千米，攻击圆概率（CEP）仅 3～5 米。

　　网络中心制导技术。这是美国正在发展中的一项新的制导技术，目的是使那些最初为攻击地面固定目标而设计的现役精确制导武器，如 JDAM 制导炸弹和"杰索伍"联合防区外武器，获得攻击地面活动目标的能力，美国在这类武器上加装第 16 号标准数据链（Link-16），与载机上的具有地面活动目标指示功能的雷达等传感器联网，形成一个以网络为中心的制导系统，通过多传感器数据融合，不断将修正的目标位置、速度和目标指示等数据，以及投射武器所需制导信息，实时地传送给攻击飞机，然后再转发给投放的制导炸弹或空地导弹，从而可对地面活动目标实施攻击。

　　【点评】制导炸弹是在普通低阻航空炸弹上加装制导舱段，并改换弹翼组件而构成的精确制导武器，它集中了普通航空炸弹结构简单、价格便宜和空地导弹射程远、命中精度高的优点，将彻底改变过去冰雹式轰炸模式，引发新的轰炸革命。

红外制导技术：空空导弹的引路者

　　说起制导，大家知道有红外寻的、雷达寻的和复合制导等类型，为什么单单把红外制导技术作为空空导弹的引路者来介绍呢，这主要是因为当今世界已装备的知名的空空导弹基本都是红外制导，如欧洲的 IRIST-T、美国的响尾蛇系列及中国的霹雳系列等。为什么红外制导这么受重视呢？这还要从红外制导的性能讲起。

　　红外制导系统包括红外点源（非成像）制导和红外成像制导两大类。

　　红外点源制导系统通常由光学系统、调制器、红外探测器、制冷器、伺服机构以及电子线路等组成。其工作过程为：光学系统接收目标红外辐射，经调制器处理成包括目标信息的光信号，由红外探测器将光信号转换成易处理的电信号，再经电子线路进行信号的滤波、放大、处理，检测出目标角位置信息，并将此信息送给伺服机构，使光轴向着目标方向运动，实现制导系统对目标的持续跟踪。这类系统的优点是结构简单、成本低、动态范围宽、响应快，缺点是无法排除张角较小的点源红外干扰和复杂背景干扰，从目标获取的信息量太少而制导精度不高，也没有区分多目标的能力，主要用于近距空空格斗弹。

美国"响尾蛇"空空导弹

　　红外成像制导系统一般由红外摄像头、图像处理电路、图像识别电路、跟踪处理器和稳定系统等组成。红外摄像头接收前方视场范围内目标和背景红外辐射，利用各部分辐射强度的差别，获得能够反映目标和周围景物分布特征的二维图像信息，然后由图像处理电路进行预处理和图像增强，得到可见光图像以视频显示输出，同时将数字化后的图像送给图像识别电路，通过特征识别算法从背景信息和干扰中提取出目标图像，由跟踪处理器按照预定的匹配跟踪算法计算出光轴相对于目标的角偏差，最后通过稳定系统驱动红外镜头运动，消除相对误差实现目标跟踪。这类系统在抗干扰能力、探测灵敏度、空间分辨率等方面有很大提高，能够探测远程小目标和鉴别多目标，甚至可以实现对目标的自动识别和命中点的选择，但其结构复杂、成本高。

自从 1948 年第 1 枚红外制导导弹——美国的响尾蛇导弹问世以来，红外制导技术获得了大量应用和快速发展，主要分为以下几个阶段：第 1 阶段：20 世纪 60 年代中期以前，这时的红外制导武器主要用于攻击空中速度较慢的飞机，其探测器采用不制冷的硫化铅，信息处理系统为单元调制盘式调幅系统，工作波段为 $1 \sim 3\mu m$，灵敏度低、抗干扰能力差、跟踪角速度低。这一阶段的典型产品有美国的响尾蛇 AIM-9B 以及苏联的 K-13、SAM-7 等。第 2 阶段：20 世纪 60 年代中期到 70 年代中期，探测器采用了制冷的硫化铅或锑化铟从而极大地提高了灵敏度，工作波段也延伸到 $3 \sim 5\mu m$ 的中红外波段，改进了调制盘和信号处理电路，提高了跟踪速度。这一阶段制导武器的作战性能得到了较大的提高，虽然还只能进行尾追攻击，但攻击区和对付高速目标的能力有很大提高，代表型号有美国的 AIM-9D、法国的马特拉 R530 等。第 3 阶段：20 世纪 70 年代后期以后，红外探测器均采用了高灵敏度的制冷锑化铟，并且改变了以往的光信号的调制方式，多采用了圆锥扫描和玫瑰线扫描，亦有非调制盘式的多元脉冲调制系统，具有探测距离远，探测范围大、跟踪角速度高等特点，有的还具有自动搜索和自动截获目标的能力。因此，这一阶段的红外制导武器可进行全向攻击和对付机动目标，代表型号有美国的 AIM－9L、苏联的 R-73E、以色列的"怪蛇"3 等。

以上这些红外制导方式均是红外点源制导，而红外成像制导由于其结构复杂、成本高，主要用于巡航导弹、反舰导弹、空地导弹等。因此，红外成像制导技术前三代产品都是围绕巡航导弹、反舰导弹、空地导弹研制的。但美海军/空军研制的第四代空空导弹 AIM-9X 却是采用的红外成像制导。导引头为 128×128 元的碲镉汞凝视焦平面红外成像导引头。碲镉汞焦面阵探测器工作在 $3 \sim 5\mu m$ 波段，安装在一滚动/摆动框架上。整个导引头被安装在一蓝宝石头罩内。蓝宝石是一种比氟化镁更硬的材料，这种材料不易剥蚀

（特别是出现砂粒的情况下），耐冲击性能好。该导引头采用机械斯特林制冷器，这种制冷器在作战任务中没有时间限制，可使导引头连续工作很长时间，大大减少了后勤负担，也消除了制冷系统的污染问题。该导引头在称为"顶帽"的保密技术演示中，展示了较高的灵敏度。另外，增大了导引头的框架角，使导引头跟踪场有较宽范围的扩大。制导电子装置包括一个 C-80 数字跟踪器，还包括一惯性组件。跟踪器利用导引头探测到的精确目标图像可选择目标上的易损点。该跟踪器具有很高的抗干扰能力和极佳的杂波抑制能力。

AIM-132 先进近距空空导弹装有红外成像导引头

开头提及的 IRIST-T 空空导弹也是采用的红外成像制导。导引头采用 4×128 的扫描成像阵。导引头采用了大量具有毫弧度分辨率的探测器元件，以及大规模并行和压缩处理技术，能更加清楚地区分其目标、背景红外源和目标可能发射的任何曳光弹，具有较高的判断和抗干扰能力。采用一个高效的 4×128 制冷锑化铟红外器件作为传感器，扫描时不需要行扫，直接采用一次帧扫描就可以获得高清晰度的数字图像，在行扫阵上，4 个敏感元的信号可以分别处理，也可以叠加和差处理，前者可以将帧扫速度提高 4 倍。IRIS-T 导弹的帧频一般高达 200Hz，比西方其他的红外导引头都高，对高速目标的辨析精度和反应都是最快的，4元串列的行探测单元也可以通过累积低感度时红外信号增强红外信号的驻点时间，达到对微弱目标的增感作用。通过这样的技术手段，扫描成像可以获得并不逊色于凝视成像阵列的效果，反而在清晰度方面扫描器件可以通过电子时分提供更好的动态清晰度。比如凝视阵的 128×128 扫描阵却可以提供 256×128 的分辨率。另外扫描阵对 CCD 上的元器件的静电噪声，像素亮度不均匀性不敏感，静电噪声可以通过扫积的和差自动过滤，亮度不均匀可以通过行间阻抗调整电路求平均值，并且还有 4 个重复行叠加，使得扫描阵的数字图像处理基础就比凝视阵好，数据处理流量小很多，元器件要求也远不如凝视阵那么高、成本优势较强。

【点评】红外制导，因其全被动工作方式，不易受电子干扰、能够昼夜作战、能识别真假目标、隐蔽性好、分辨率高等特点，使之成为现代精确制导技术中最有发展前景的技术。可以相信，在未来的空战场上，红外制导技术将会获得越来越广泛的应用。

匹配制导技术：巡航导弹凭什么识路

在战争中，巡航导弹的表现非常引人注目，它一旦打出去就像认得路线似的，在飞行途中迂回起伏、翻山越岭，经过 3 个多小时跋涉，准确地飞向 2000 多公里外的预定目标。为什么巡航导弹能"认路"呢？

巡航导弹具有认路的本事，是因为它心中有"路"。这主要归功于它采用了地形综合的制导技术。如地形匹配制导技术、景象匹配制导技术，但同时还要有其最基本的制导技术即惯性制导技术，一般情况下，三种制导技术综合起作用，更为精确。

美国"战斧"多用途巡航导弹

地形匹配制导技术，又称地图匹配制导。地形匹配是指利用地形海拔高度特征进行定位的制导技术。这在用于低空飞行和攻击的现代飞行器上广泛采用。地形匹配制导系统在导弹飞行的初始段、中段和末段均可工作。雷达高度表、气压高度表和计算机即可组成最简单的地形匹配制导系统。地形匹配制导系统的工作原理可分为三步：一是数据制备，即绘制数字地图。根据从发射点到目标点间的航线情况，首先确定若干个（一般 3 ~ 5 个）地形匹配区，使巡航导弹飞行到该地区上空时能适时修正弹道。这个区域一般长为几千米的矩形。战前，通过侦察卫星、侦察飞机测量，并将匹配区划分成许多小方块，以每个小方块的平均海拔高度作为其高度值，进行量化后记下该数字。这就形成了一张用数字行列表示的高度变化图（即数字地图）。每个小方块边长可以是 100 米，也可做得更精细（如细分到 20 米），甚至将房子和水塔等在数字地图中标出来，显然，小方块分得愈细致，数字地图就越逼近真实的地形图。然后将这些数字地图预先存贮在导弹计算机内。二是数据实测。当巡航导弹按照惯性制导飞临预定的地形匹配区上空时（如果飞不到匹配区上空，就是打"飞"了，无法进行航线修正），导弹头部的雷达高度表对地面实时扫描，测出导弹离地相对高度（雷达高度表在导弹飞入预定匹配区前就已开始测取高度数据，在导弹离开预定匹配区时停止测量）；气压高度表测量导弹的海拔高度。由计算机对实测飞行高度数据与预先存贮的最佳飞行路线的数字地图数据进行对比，确定导弹偏离预定航线的偏差。例如，期望航线是0—20—0—10，实际航线是0—0—10—0，这就形成了横向偏差和纵向偏差。三是修正航线。一旦巡航导弹实际航线与预定航线出现偏差，计算机可根据这一偏差适时发出控制指令信号，执行机构即可修正航线、保持航向。经过几次这样的地形匹配，就可以使巡航导弹较准确地到达目标区上空。

景象匹配制导技术，是一种利用特定地区（目标区）的景象特征进行定位的制导方法，其制导装置一般由成像传感器、图像处理装置、数字相关器和计算机等组成。工作过程类似于地形匹配制导系统。首先通过侦察获得距目标几十千米范围内地貌特征明显的地区，特别是目标（阵地、机场、港口、建筑等）本身的光学图像；再把景物图像匹配区划分为若干小方块，并将目标图像编码成数字阵列（即数字式景象匹配地图），再将这个图像存贮在一个闪光灯大小的数字相关器内。当巡航导弹飞临目标区上空时，弹头上的电视摄像机开始拍摄，实拍的景物图像经数字化处理后也形成数字式景象地图，与弹上预先存贮的数字式景象匹配地图进行比较，如有偏差，即发出指令改变航迹，直到二者吻合。

巡航导弹采用"惯性制导＋地形匹配制导＋景象匹配制导"的"三合一"方式，命中精度可以从"二合一"的30米提高到10米以内。这也正是早期"战斧"巡航导弹的"拿手好戏"。海湾战争中曾出现数枚"战斧"巡航导弹击中同一目标位置的情况，美国防部后来承认，这是由于这些导弹的"三合一"制导系统的输入数据完全一致的结果。不过，如果敌方目标采取有效的伪装防护措施，特别在经常改变目标周围的景象，则有可能造成景象匹配系统无法正常工作或误差增大的情况，这也是景象匹配制导所面临的一个现实难题。

增程技术：防区外发射

战争中，交战各方均千方百计地寻求己方兵器能够防区外发射，射程是兵器设计的重要技术指标之一，而增程是兵器技术发展的推动力。随着科学技术的不断发展，历史上出现的各种新技术，都被用来发展增程技术，使兵器的射程产生质的飞跃。那么，都有一些什么样的增程技术呢？

随行装药增程技术。对于利用火药发射的弹丸，高初速是增大射程的重要因素。提高初速的关键是膛压曲线形成平台，平台越宽、越高，获得的初速就越大。如果能在弹丸发射过程中造成定压发射，则提高初速的效果更好。随行装药就是利用压力平台效应提高初速的一种方法。我国已在 120 毫米反坦克炮上使用了随行装药。随行装药的原理是：在击发底火后，先点燃中心点火管内的点火药，再逐步点燃主装药和可燃药筒；主装药燃气携带药粒一起运动，形成典型的气固两相流动；随着膛压升高，弹丸开始运动；当管内压力上升到一定程度时，点火管开始破孔或开裂，随行装药适时点燃。由于加入了新能量，使压力曲线不降低、形成压力平台，从而增大了弹丸的初速。

液体发射药增程技术。传统的火炮，都以固体发射药作为能源。常规火炮的内弹道过程，是靠固体发射药的燃烧迅速产生气体，形成高温、高压燃气，推动弹丸运动获得初速，使弹丸飞向目标。由于固体发射药的固有特性，使火炮的射程提高遇到很大困

1.贮液室. 2.活塞. 3.燃烧室. 4.弹丸

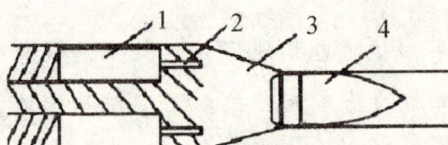
增程弹结构图

难。固体发射药的极限速度为 2km/s。液体发射药与固体发射药的根本区别是发射药的形态由固体变成了液体。液体发射药火炮有三种设计方案：整装式、外部动力喷射式和再生喷射式。目前世界各国重点发展的是再生喷射式液体发射药方案。其典型结构如图所示。燃料最初装在贮液室1中，贮液室与燃烧室3之间由活塞2隔开。在内弹道过程中，由点火作用推动活塞压缩贮液室中的液体燃料，通过活塞上的喷射孔将燃料喷射到燃烧室，并使其雾化和充分燃烧，生成燃气推动弹丸运动。该技术可以通过控制液体燃料的喷射规律达到膛压曲线的平台效应，从而获得高初速。液体发射药的点火、燃烧及内弹道过程与固体发射药有显著区别。它主要取决于液体药的喷射，即通过控制活塞运动及喷孔结构参数实现性能控制。试验证明，再生式液体发射药火炮能为武器系统提供所需的弹道控制，其关键技术不是弹道，而是再生系统在野战条件下的可靠性和持久性。如美国开发的液体发射药，使现役155毫米标准榴弹炮的射程达到65千米。

冲压增程技术。固体燃料冲压发动机增程弹由进气口、喷射器、燃烧室、燃料壁和喷管组成。弹丸从膛内发射出去之后，获得很高的初速。在高速飞行中，空气由弹丸头部的进气口进入弹丸内膛的喷射器，然后进入燃烧室，空气中的氧与燃料充分作用，燃气流经过喷管加速，以很高的速度，从喷管喷出，使弹丸得到很高的速度。由于利用空气中的氧燃料用量较少，并且能与空气充分接触，混合燃烧，所以固体燃料冲压发动机增程弹具有比火箭增程弹高 4～5 倍的比冲，达 800～1000s，增程量比底部排气弹增加 2 倍以上。美国研制的 203mm 冲压发动机增程弹最大射程为 70km，155mm 冲压发动机增程弹最大射程为 50km。

　　新型发射技术。新型发射技术大体上分为三种类型：电磁发射技术，电热发射技术，电热—化学发射技术。电磁发射技术亦称电磁炮技术，它是基于电磁力推进弹丸。电热发射技术亦称等离子体脉冲加速器技术或电热炮技术，它是基于在药室内两电极间的高压电弧放电，使工质产生等离子体并和未电离的中性气体所形成的热压力及部分电磁力加速弹丸。电热—化学混合发射技术亦称电热—化学炮技术，它使用电能和化学能混合能源，利用电热发射技术产生高温等离子体流，使火药充分释放出大量化学能，以热压力推进弹丸运动。这种发射方式非常接近传统火炮的发射方式，且需要的电能少，可使武器系统质量减轻，体积相应减小，故成为近期电发射技术中最有可能实现武器化的一种方式。美国 FMC 公司已研制了功率 9 兆焦耳的 20 毫米电热—化学炮。

　　弹形增程技术。弹形增程技术主要通过改变弹丸结构以达到增

ERGM 增程弹药

程的目的。现代远程榴弹大都是旋转稳定的圆柱形弹丸，弹形减阻的关键是减小波阻和底阻。对波阻影响最大的因素是弹全长与弹头长占全弹长的比例。影响底阻最大的因素是尾部长及船尾长。为了减小阻力增大射程，远程榴弹的弹长及弹头长占全弹长的比例发生很大变化，老式榴弹弹长只有 4.5d 左右，远程榴弹弹长超过 6d 以上，可使阻力减小 30% 以上。此外，弹丸在飞行过程中由于攻角的存在而产生的诱导阻力对射程也有一定影响。在攻角小于 10° 的情况下，诱导阻力将与攻角的平方成正比。因此，在弹丸飞行中应尽可能减小攻角，主要是减少起始扰动引起的攻角以及动力平衡角。在弹炮总体设计时，必须合理匹配相应参数，以减小不利因素带来的射程损失。

空心弹减阻增程技术。属超音速旋转稳定弹。它的飞行部分最简单的形式是中空圆管或圆筒。因此又被称为管形弹或筒形弹。与普通弹丸比较，一个设计合理的空心弹，在头部、空心管内和尾部，可以形成均匀的超音速流场，能够消除占总阻 50% 左右的波阻和占总阻 30% 左右的底阻。射击试验证明，空心弹的阻力可以减小到普通弹的 1/3~1/2。空心弹虽使摩擦阻力增加一倍，但由于摩阻占总阻的比例很小，所以空心弹的总效果是使阻力大幅度减小，同时由于特殊的弹体结构，空心弹可以消除弹头前部的激波。在超音速飞行条件下，大量气体从空心弹后部排入弹后回流区，提高了底压，并使尾部外边界流线变直从而减小或消除尾部波阻和底阻，提高炮弹的射程。加拿大 105 毫米 L7A1 型坦克炮脱壳穿甲弹，就采用了空心弹丸减阻技术。

底排增程技术。圆柱形弹丸飞行过程中在弹尾部会形成一个低压区，产生底部阻力。在超音速条件下，对于一般圆柱形弹丸，底阻占总阻的 30% 左右。对于低阻远程弹，底阻占总阻的 50%~60%。如果想办法向尾部低压区排放气体，提高底压，就可以减小底阻，增大射程。如果把尾部低压区考虑成周围被气体边界包围的一定空间，根据气体热力学原理，向这一空间排入质量或向这一区域排放热量（相当增加能量），都可提高这一空间的压力，这就是底排增程的基本原理。底排增程技术有以下优点：弹丸威力有保证；弹丸外形变化不大，可以采用低阻弹型；在增程药量不多的条件下可增程30%左右；增大了存速，减小了动力平衡角。它的缺点是结构稍复杂，增加了弹长、弹质量，使惯量比增大降低了稳定性，密集度比普通弹要差些。如比利时155毫米榴弹炮原射程为30千米，改用底排增程弹后达到39千米，增程率为30%。我国59式130毫米加农炮采用底排增程弹，射程从27千米增加到38千米，增程率达40%。

火箭增程技术。火箭增程弹靠火箭发动机产生的高速后喷气流对火箭产生反作用力，再加上火箭发动机出口处的压力与大气压力之间的压力差，产生向前的推力，增大火箭向前的速度从而达到增程目的。由于火箭弹的弹体内要装燃料，因而对战斗部的威力有一定负面影响。火箭增程技术在二战期间就已开始研究了。在各国新近研制的先进火炮系统中仍有利用。如法国射程33千米的155毫米TR1火箭增程弹，俄罗斯射程50千米的203毫米257火箭增程弹。

滑翔增程技术。炮弹滑翔增程原理，是炮弹在飞行中能产生比较确定的（不是随机的）向上的升力与重力平衡，使炮弹在垂直方向加速度很小，从而使其飞行较远的距离，达到增大射程的目的。炮弹以一定的初速发射出去，一出炮口尾翼张开保持稳定飞行，出炮口几秒后弹上的小型火箭助推发动机工作，给弹丸以推力帮助弹丸（爬高）增程，发动机工作结束后炮弹像普通尾翼弹一样继续在升弧段上飞行；当在升弧段某时刻，弹载探测系统开始工作，中舵张开，差动控制调整弹体姿态，保证弹体在进入滑翔段时姿态正常；在弹道顶点附近前舵张开，根据弹上的滑翔控制系统调节舵机与舵翼匹配，不断调整炮弹的滑翔姿态，向前滑翔至弹道终点。滑翔增程技术的优点是在初速不高的条件下，可以得到一般远程弹的射程，较好地解决射程与机动性、射程与威力的矛盾。其缺点是要解决尾翼张开的控制问题，增加结构的复杂性。

复合增程技术。当利用一种增程技术难以达到最佳效果时，为了满足各种战技指标，往往要同时采用几种增程方法。这就是复合增程的设计思想。比较典型的复合增程技术是底排火箭复合增程技术。它的原理是：弹丸在空气密度很大的空间加速，由于速度增加很快，空气阻力也增加很快，因此将损失较多速度。如果在空气密度较大的区域，保持低阻力，使速度损失很小，当弹丸进入空气密度较小的区域，再加速，这样速度损失小，可以使增程率更高。当然，还有其他很多种复合增程技术，如火箭助推/亚音速滑翔复合增程弹，冲压/超音速滑翔复合增程弹等等。

从 20 世纪 60 年代开始，远程火炮与火箭的射程以每 10 年约 25%～30% 的速度增加，地面火炮的最大射程已达 40～50 千米，已研制成功的远程火箭射程可达 70 千米，而射程 150 千米以上的超远程火箭炮也正在研制之中。在未来，发射武器的射程还会进一步增大，各种复合增程技术将起主导作用，冲压增程技术，滑翔增程技术将会发展到工程应用阶段。新型发射能源将使发射武器获得更高的初速，使发射武器的射程得到大幅度提高。

【点评】增大炮弹射程，可以保证火炮在不变换阵地情况下的火力机动性，使火炮在较大的地域内能够迅速集中火力，给敌人以突然的打击，可以以持续时间的火力支援进攻中的步兵和坦克，并且能够对敌人纵深目标（预备队、集结地、指挥部、交通枢纽等）进行远距离压制射击等，发展增程技术对于打赢信息化条件下的现代战争具有极其重要的军事意义。

有线制导技术：拖着长长尾巴的导弹

在电视上经常可能看到，试射的导弹有时候后面会拖着一根长长的线，这条线是做什么用的呢，实际上这种导弹是光纤制导武器的一种，拖的这条长线就是光纤。

光纤制导武器主要包括光纤制导导弹和海军用的光纤制导鱼雷。这种光纤制导方式的基本原理同使用传统电信号传输遥控线路的工作过程相类似，但根本不同点在于使用了光纤线路和光纤接口光—电转换器，它是由操纵手控制的人工智能武器，用光纤传输目标图像，其制导精度极高，导弹射程可大幅增加，且更加安全可靠。

光纤制导的导弹主要用来反坦克和武装直升机，一般射程为10公里。基本上有两类。一类是白天使用的昼光型，采用电视导引头；另一类是全天候使用的昼夜型，采用红外导引头。这些导弹控制都是通过导引头的电视摄像机和红外探测成像仪将导弹前方的图像通过光纤线路传输到操纵手的屏幕显示器上来，使操纵手犹如随同导弹一块飞向目标，当然命中精度要高得多了。

"独眼巨人"反坦克导弹

我们以法、德、意等国正在研制的一种光纤导弹为例，来看看这种导弹到底是怎么工作的。1988年他们研制成功"独眼巨人"

反坦克导弹，当时导弹射程为 10 公里，现在，他们在此导弹的基础上，联合研制一种对点目标实施纵深打击的光纤导弹系统。这种远程精确打击系统最大射程 60 公里，可安装在车辆、直升机或小型舰艇上，打击装甲车辆、防空雷达、导弹阵地、直升机、火炮系统和小型船只。

美国"陶"式有线制导反坦克导弹：尾部两条线清晰可见

该导弹的任务计划系统重新规划只需 2 ~ 3 小时，具有重新定位目标的能力。导弹发射时不需要精确瞄准，瞄准精度在 300 ~ 400 米即可。导弹的核心是其独特的制导系统——高分辨红外相机，工作波段为 3 ~ 5 微米，通过光纤将图像数据实时回传给操纵手。操纵手在末制导阶段可以把导弹导向图像视场中出现的更重要的目标。操纵手可以在导弹接近目标 280 米时中止打击，指示导弹重新爬升，以捕获新的目标。根据目标的特性不同，捕获距离在 3 ~ 8 公里之间。

导弹从安装到发射的反应时间约 30 分钟，最大射程飞行时间约 6 分钟。导弹重 130 公斤，长 2.7 米，携带 20 公斤重的锥形装药预置碎片弹头。导弹的推进系统包括一枚助推火箭和一台当导弹速度达到150米/秒才开始工作的涡轮喷气主发动机。

导弹尾部的管状线轴释放数据链路光纤，系统用光纤把目标的视频数据传给操纵手，又把操纵手的指令传给导弹，传输率高达200兆字节/秒，抗干扰性强。光纤在120～250米的巡航高度下不会触及障碍物。但是，有专家认为，以接近180米/秒的速度释放光纤是该系统面临的最大挑战。

光纤制导也不是十全十美，就该系统来讲，潜在的问题是，在低速飞行时易受敌方近程防空导弹的拦截，发射器不够稳固易损坏光纤。另外，光纤制导武器的关键技术指标是光纤强度，还要解决光纤直径、带宽、衰减率、技术接口，以及不能出现缠绕问题。尤其是丛林地带时，光纤制导导弹是不能使用的，但在沙漠或海上使用还是比较有前途的，光纤技术在制导武器中的应用，尽管还有许多重要技术问题有待解决，但它有可能成为运用其他技术无法制成的新一代智能武器，前景十分广阔。

【点评】现代战争的复杂电磁环境条件给各种精确制导武器带来了严峻挑战，而有线制导却凭借其较强的抗干扰性在现代武器家族中占有一席之地。

卫星导航技术：为导弹引路

导航在日常生活中经常要用到。例如，港口一般都建有高耸的灯塔，引导船只进港，机场则设有无线电导航台，引导飞机进场着陆。现在卫星也能导航了，而且可以用来给导弹导航。

其实，卫星导航定位的道理跟灯塔和机场导航台相似，只不过是把导航台的位置搬到了太空中而已，具备高精度、全天候、全球覆盖、用户设备简便等优点。导航定位卫星可以提供导航定位数据，供海洋、地面、空中和空间运动平台接收后定位。目前，美国和俄罗斯都建立了全球卫星导航定位系统，欧洲和中国等建立了区域卫星导航定位系统。一些国家已经在巡航导弹或其他远程打击导弹上采用了卫星导航定位。

卫星导航系统一般由多颗导航卫星组成的导航星座、卫星跟踪站、数据注入站、计算中心和控制中心及用户接收设备等组成。卫星导航定位的原理还是测量学上常用的测距交会定点方法。导航卫星在空间作有规律的运动，它的轨道位置每时每刻都可以精确预报。用户接收卫星发来的无线电导航信号，即可得到用户相对于卫星的距离等导航数据，再根据卫星发送信号的时间、轨道参数求出定位瞬间卫星的实时位置坐标，从而确定出用户所在位置的地理经纬度坐标和运动速度。

1964年，美国研制的"子午仪导航卫星"正式交付美国海军使用，这是世界上第一套卫星导航系统。该系统属于多普勒测速定位导航，即用户根据从导航卫星上接收到的信号频率与卫星上发送的信号频率之间的多普勒频移，测得多普勒频移曲线，然后根据此曲线与卫星轨道参数推算出用户的位置。该系统通常以4~5颗卫星，在上千公里的低地圆形极轨道上组成导航星座，用户能在平均间隔为1.5小时左右利用卫星定一次位，能为陆海空交通工具提供具有一定精度的二维定位。

但该系统存在明显的缺点：一是不能实施连续实时导航，用户两次定位的时间间隔至少为1.5小时；二是只能提供经度和纬度二维坐标，而不能给出被导物体的高度和速度信息，不能满足三维空间定位的需要；三是定位时间长，对高速运动物体的测量误差较大等。因此，多普勒测速定位导航，一般只用于平时或对导航精度要求较低的用户，特别是对于现代战争中的各种远程精确作战武器的作战应用，就不能满足要求了。

1994年美国部署完成了全球卫星导航定位系统，即GPS。GPS

采用由 24 颗导航卫星（21 颗工作星，3 颗备份星）在 20180 千米高的 6 个轨道面上组成的导航星座。

GPS 属于时间测距定位导航，就是用户首先测量来自 4 颗导航卫星发来信号的传播时间，然后经过一组包括 4 个方程式的模型数学运算，计算出用户位置的三维坐标及用户与系统时间的误差。全球任何地方或近地空间的用户在任何时间都能同时看到 6 颗以上的卫星，用户从中选择 4 颗卫星进行连续实时的三维定位和测速。这种导航方式的优点是：能够全球、快速、实时定位。一次定位时间仅需几秒，适合高速运动用户的需要；定位与测量精度高，一般定位精度在百米之内，最高优于 10 米，测量速度可达 0.1 米/秒，计时精度可达 9～10 秒；抗干扰能力强，能实施全天候导航定位；用户设备采用被动工作方式，便于用户隐蔽。但这种导航方式也存在不足：系统工作在 L 波段，对于水下用户不能导航；此外，系统运用的卫星数量多，投资巨大，对系统的测控与管理比较复杂。

另一套具备全球导航定位功能的是俄罗斯的全球导航卫星系统——GLONASS，也由 24 颗导航卫星组网，已在 1995 年 6 月全部发射升空（由于经费等限制而未完全使用）。其工作方式类似于美国 GPS，但三维导航能力和精度要稍差于 GPS。该系统发射频率 1240～1260 兆赫和 1597～1617 兆赫；导航信号分民用码和军用码，经纬度定位精度 30～100 米，测速精度 0.15 米/秒，授时精度 1 微秒。

很显然，卫星全球定位是一种非常便捷、高效的导航方法，不仅精度高，而且接收机体积小、质量轻、成本低，易于大量采用。因此，一些国家已在巡航导弹上加装了卫星定位系统，用于在飞行的初段和中段辅助修正惯性制导误差。如美国"战斧－3"巡航导弹就安装了单通道 GPS 接收机，在飞行过程中随时接收卫星导航信号进行定位。如果在地形匹配区内，"战斧-3"巡航导弹可同时获得地形匹配数据和 GPS 定位数据，则利用惯性制导系统位置误差随时间平稳变化的特性，对两个数据进行比较，剔除变化急剧的数据，经优选后与惯性制导系统组合。而在其余位置，只要判断 GPS 接收机信息正常，则直接修正惯性制导误差。GPS 制导是一种重要的精确制导技术，可以大大提高巡航导弹等各类精确制导武器的制导精度。例如，美军在海湾战争中曾使用"斯拉姆"空地导弹创下"两弹穿一孔"的战场新纪录。1991 年 1 月 19 日，美海军 1 架 A-7E 和 1 架 A-6 舰载机编队去攻击伊拉克幼发拉底河上的一座大型水电站，在距离 100 千米处，A-7E 发射了第一枚"斯拉姆"，导弹在 A-6 的引导下准确击中了水电站的外墙，炸开一个直径约 4 米的大洞；稍后，A-7E 又发射了第二枚导弹，仍由 A-6 进行引导。令人惊奇的是，第二枚导弹不偏不倚地从第一枚炸开的洞口直接钻进水电站里面爆炸，既炸毁了发电机组，又没有对水库大坝主体造成任何破坏。"斯拉姆"是"鱼叉"空舰巡航导弹的机载对地攻击改进型，采用"惯性制导＋GPS 制导＋末端红外成像寻的制导"，在首次实战考验中，发射的 7 枚"斯拉姆"导弹有 4 枚准确击中了目标。

【点评】卫星导航具有全球覆盖和导航精度高的特点，是当前制导技术中最流行的制导技术，其与惯性制导技术的联姻，可大大提高精确制导武器的抗干扰能力。

惯导技术：不怕干扰的导弹

精确制导技术的问世，极大地提高了打击精度，但武器的发展总是一个对抗的过程，有制导，就有反制导，研究人员根据制导方式研究出了各种各样的干扰武器。就连美国的 GPS 制导的导弹在伊拉克战争中也受到了俄罗斯制造的手持干扰器的干扰，一时间精确制导武器遭遇了一股寒流,但现在研究人员又研究出了不怕干扰的导弹,那就是惯导技术。其中一个有效的做法就是把GPS、惯导组合起来形成新的导航技术,即GPS/惯导导航技术。

惯性是物体的一种基本属性,导弹的质量在运动过程中不断发生变化,其惯性力也在变化,并不断地反映导弹飞行加速度的变化。因此,只要能随时测量导弹飞行中的加速度并进行积分运算,就可得出导弹的飞行速度;再对加速度进行第二次积分运算,即可得出导弹的飞行距离(即射程)。在导弹上安装测量导弹飞行加速度的仪表——加速度表,由它与弹上的其他仪器配合,即可实现对导弹射程的控制,这就是惯性制导系统的基本工作原理。惯性制导是巡航导弹最普遍、最基本的制导方式。惯性制导系统通常由陀螺仪、加速度表、万向架和计算机等组成,利用惯性原理对导弹运动的速度和位置进行测量并校正飞行。通常在导弹飞行的初段和中段工作。根据惯性测量装置在导弹上的安装方式可分为两类。一类是平台式惯性制导,惯性测量装置安装在惯性平台上,惯性平台隔离弹体角运动对惯性测量的影响,从而直接得到需要的运动参数值。这样制导多用于早期巡航导弹。另一类是捷联式惯性制导,惯性测量装置直接安装在弹体上,这种制导必须通过计算机计算(排除弹体角运动的影响)才能获得所需要的运动参数值。现代巡航导弹大都采用捷联式惯性制导。对于惯性制导来说,只要在同一坐标系中确定了发射点和目标点的坐标位置,即可选定一条合适的飞行弹道。当然,发射点的位置容易确定,可利用多种精密仪器进行测量,而目标点往往在敌方境内,不可能实测,很难获得精确资料(除非使用卫星定位系统),只能通过多种手段获取相应情报,或通过该国公开的地理资料数据(有些国家公布的数据往往故意与实际数据有很大的偏差)加以修正。有了发射点和目标点的坐标等资料,即可预先编制巡航导弹的飞行程序。导弹发射后,惯性制导系统只要工作可靠,即

第四章 精确制导技术

195

可使导弹基本上按预定的弹道飞向目标。形象一点说，惯性制导解决了巡航导弹飞行的"大方向"。惯性制导系统的全部仪器都安装在导弹内部，与无线电制导、地形匹配制导等相比，它的导引控制信息完全依靠导弹上的设备取得，不依靠任何外部设备和控制指令，能完全独立自主地进行工作。

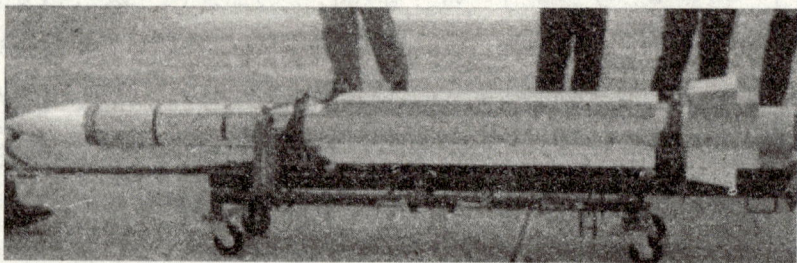

法国"米卡"多用途导弹（近距、中距拦截用采用惯导制导）

GPS 的优点是全球覆盖而且精度很高，惯导的优点是不怕干扰，短期精度高。把两者组合起来，便能产生一种精度高且不怕干扰的系统。最初步的组合是，当干扰使 GPS 不能工作时，惯导将继续维持高精度导航，而当干扰停止后，GPS 又立即开始起主导作用，不断重调掉惯导的误差。

事实上，发达国家已很少用这种低级的组合方式而用卡尔曼滤波组合法了。卡尔曼滤波法是建立在线性最佳（或次最佳）估值理论基础上的，能够使组合系统产生比 GPS 单独更高的精度，而且在 GPS 被扰后还能在一段时间使惯导很好地维持精度。目前，美国的所有重要军事平台，如作战飞机、大型军用飞机、水面舰艇、各型较大的导弹在装备 GPS 时，如果原已有惯导，便将 GPS 与惯导组合起来；如果原先没有惯导，便装入 GPS/惯导组合系统。前者叫做松耦合，即 GPS 和惯导是两部分立的设备；后者一般为紧耦合，即 GPS 是一块插件板，插在惯导机箱之中。从信号处理和交联关系看，松紧两种组合差异也较大。紧耦合能够进一步发挥 GPS 和惯导两者的互补性，实现更多的功能。比如：在 GPS 辅助下实现惯导的空中对准，基本上不用准备时间，这对于加快部队的反应速度有很大意义；在惯导辅助下实现对 GPS 系统完好性监视，即所谓空中自主完好性监视（AAIM）。在惯导辅助下调节和压窄 GPS 接收机带宽，以提高其抗干扰能力。

【点评】随着各种电子干扰技术的研究与应用越来越多，惯性制导技术因其抗干扰能力强而获得了越来越广泛的重视，许多精确制导技术主动与惯性制导技术联姻。

第四章　精确制导技术

参考文献

1. 郭祖玉主编：《军事科技发展史》，北京：军事谊文出版社，1998 年版

2. 朱建新主编：《军事高技术知识教程》，北京：军事科学出版社，2004 年版

3. 中国人民解放军总装备部军事训练教材编辑工作委员会：《军事技术概论》（上、下册），北京：国防工业出版社，2006 年版

4. 中国军事百科全书编审委员会编：《中国军事百科全书：电子对抗和军用雷达技术分册》，北京：军事科学出版社，1994 年版

5. 赵洪发等著：《军事光学》，北京：军事谊文出版社，1995 年版

6. 中国人民解放军总参谋部：《卫星通信》，北京：解放军出版社，1994 年版

7. 中国人民解放军总参谋部军训部：《军事高技术知识教材》（上、下册），北京：解放军出版社，1995 年版

8. 张官海、魏长智主编：《军事信息技术基础》，北京：蓝天出版社，2006 年版

9. 耿广生、任克明主编：《21 世纪的潜艇技术》，海军装备技术部，1997 年版

10. 《现代军事》，中国国防科技信息中心主办，1999.01 ~ 2009.10

11. 《世界军事》，新华社解放军社主办，1999.01 ~ 2009.10

12. 《军事文摘》，中国航天防御技术研究院主办，2001.01 ~ 2010.02